自 然 文 库
N a t u r e
S e r i e s

The Nature of Crops

How we came to eat the plants we do

U0303739

餐桌植物简史

蔬果、谷物和香料的栽培与演变

〔英〕约翰·沃伦 著

陈莹婷 译

商务印书馆
The Commercial Press

John M. Warren

THE NATURE OF CROPS:

HOW WE CAME TO EAT THE PLANTS WE DO

© 2015 CABI

Published by agreement with CAB International
through Big Apple Agency, INC., LABUAN MALAYSIA.

目录

致谢

在多次愉快的邂逅中，我曾和许多热情的植物学家一同探讨科学发现，由此收集到这本书里讲述的故事。原谅我无法列举这些植物学家的名字，因为人数太多了。但我深深感谢所有给予我写作灵感和线索的朋友们，他们出色的研究工作涵盖了整个植物科学领域。他们致力于鉴定、探索、保护和提高植物的遗传多样性。在做这些重要工作的同时，他们也不忘激励下一代有抱负的植物学家。我祝愿他们的工作薪尽火传、千古不朽。

我必须特别感谢诺埃尔·埃利斯（Noel Ellis）、威尔·黑尔塞（Will Haresign）、克里斯·波洛克（Chris Pollock）和希德·托马斯（Sid Thomas）这四位教授，他们审读了我的完整原稿，通过指导我以更加坚实的科学知识为依据，来遏制我过分修饰故事情节的热情和趋势。我也感谢威尔士国家植物园的娜塔莎·德·维尔（Natasha de Vere）和埃文·皮尔逊（Evan Pearson），他们帮忙给这本书建立了博客。我还有一份谢意要送给我的家人，他们校对了这本书初稿的每一章，感谢弗朗西斯·斯托克利（Frances Stoakley）帮我编辑了最终稿。

我要将这本书献给世界上所有的老师和植物育种者，是他们喂养了我们的大脑和肚子。可这两个行业却常常遭受误解和忽视。实际上，毫无疑问，他们才是无私奉献、一心把世界变得更美好的人。我要对他们所有人说一句：谢谢！

第一章 大自然的本性

出版这本书的所有理由，都是为了尝试弄清楚一个问题：为什么全世界众多可获取的植物中，我们只吃这么有限的几种。在试着做这项工作时，第一章想要探讨我们贫乏的菜单是否是新近的现象。相关证据表明，我们祖先的食谱在不同的文化下有很大差别，即使有一些比我们的更多样，其他的很多都更单一。本书将通过案例分析，探索作物的身世起源，来解答这个问题的方方面面。第一章里，我们用这种方法揭示整个作物驯化历史中，人类曾多次成功解决的一个重要问题：把野生植物转化为作物的时候如何避免中毒。这可以通过一些方法实现：选择毒素含量低的植物，调整我们的身体去更好地消化这些新食物，最后发明一些加工植物材料的方法，使食材更安全。接下来的章节将对此做出进一步探讨。

英国皇家植物园邱园的科学家曾估计，地球上现存的植物可能超过 40 万种。人们认为，其中超过一半的种类可被人类食用。我们完全有可能吃上超过 30 万种植物，这是个惊人的数字。然而，现实是可供食用的植物中我们只消耗了极少部分。智人（*Homo sapiens*），世界上分布最广的物种，以超级全才的姿态繁衍兴盛，可智人赖以生存的日常食物仅仅是 200 种植物。令人惊讶的是，我们从植物中获取的热量和蛋白质超过一半仅由 3 种作物提供：玉米、水稻、小麦。基于这些显著的统计学信息，下次当你听到挑食的孩子抱怨不想吃西蓝花的时候，你必须告知这些挑三拣四的顽童，在 30 万种可选食材中，他们面前摆着的是最美味、最可口、最让人有食欲的一种食物。如果他们认为西蓝花不好吃，那就拿一些真正恶心的东西吓吓他们。让他们想象明天的晚餐来自从这份名单中选出的最不美味的食物。这种争论可能扩展开来。西蓝花吃起来确实美妙，因为作为一种作物，它得益于一代又一代的选择，这种选择使得它的口味更佳、适口性更好、更具营养价值，并且产量大幅上涨。相反，其他 30 万种植物的大部分仍是野生植物，味道只能说是"原汁原味"。

世界上最棒的美食大厨比我们普通人好不到哪里去。因为他们能用到的烹饪材料几乎和其他人一样有限。他们也受限于我们现阶段极其有限的选择空间之内。想象一下，如果所有伟大的画家只能用调色盘上不到 1% 的颜料，那么当艺术界看到先锋派画家能够通过上千种新颜色来展现和革新人类对世界的看法时，该有多么震惊。他们肯定能轻易赢走透纳奖（Turner Prize）。

动物世界提供给我们选择的食物更有限。在除去海鲜的情况下，我们的菜单更是局限于牛肉、羊肉、猪肉和鸡肉。但我们可以辩解，即便扩大选择范围也得不到更多味觉享受，因为正如大家所知，其他所有肉类，如青蛙、鸵鸟、鳄鱼等，尝起来都差不多，不过是"有点像鸡肉而已"。然而，这种现象不会出现在植物世界中。覆盆子就一点也不像香蕉、橙子或苹果。更明显的是，抱子甘蓝也不是非常像花椰菜或球茎甘蓝（又叫擘蓝），之后我们将会发现，这三样蔬菜实际上都是同一物种。如果我们有足够的胆量去进一步尝试这份菜单，我们就有可能获得一系列风味和质感不同的食材，既然如此，我们真的要自问一下：为什么我们要限制自己，仅仅种植和品尝区区上百种植物？真的就只有菜单中置顶的几种果蔬值得我们如此操心吗？名单上的其他物种是否都不如抱子甘蓝开胃，因此无需关注？即便真是如此，那么问题只会变得更有趣。因为我们现在喜欢的许多作物（那些我们日复一日食用的东西）是从它们的野生祖先驯化而来，而这些祖先实际上根本没法吃。

那么，是什么驱使我们的祖先在不确定的希望中，开始驯化那些扭曲难嚼、富含纤维的野生粗根植物，从而最终培育出个儿大脆甜的橙色蔬菜——这种在今天我们称之为胡萝卜的食物？为什么上千年来人们都致力于这项任务，而不是一开始就选择改良蒲公英呢？作为野生植物，蒲公英拥有更厚实、更具潜在开发价值的根，不是吗？为什么不同地区、不同时代的不同人群，会频繁地选择同一个科的植物物种来驯化成作物？为什么有些作物会传播到全世界，而另一些作物则保持为地方特产？甚至在一个地区内，我们都必须要问，为什么在我们选定的少数作物中，有这么多种类在亲缘上彼此相关，相反，其他科的植物却被忽视？是否我们在味觉上一直缺乏冒险精神，或者是有很好的生物学理由能解释我们的保守主义？这些问题很重要，因为我们特别喜爱的几个科常常有许多剧毒的种类。例如，具有许多毒物的茄科植物就给我们提供了诸如马铃薯、番茄和茄子这些食材，还有不那么常见但被趣称为"阿盖尔郡公爵的茶树"（Duke of Argyll's tea plant）的枸杞，它们都充满了名为生物碱的有毒化学物质。还有更深层次的复杂原因有待解释：有时我们是被植物的古怪所吸引，比如有的植物鲜有近缘种类；另一些情况下，我们叫嚷着要去吃那些带有刺激性气味和给人以灼烧感的植物。臭气熏天的榴莲和最辣的辣椒都有它们的死忠，愿意为其支付昂贵的费用，但这些美食却让许多人望而却步。在审核绝大多数潜在食物的过程中，人类曾经一次又一次地放弃食用看起来不像作物的东西，即使它们非常常见。

这里我的任务不是扮演伊甸园里夏娃的角色，带你品尝禁果。但我仍希望为你提供新的知识，一起试着回答这个问题——为什么我们会如此食用植物？这种认识将根植于常围绕作物起源而展开的令人惊奇而富有异国风情——有时还是情欲——的传说。然而，夏娃可能对这个故事的确有某种贡献：她警告我们，食用禁果会有不良后果。《圣经》的开篇可能加强了这种观念：仅有数量非常有限的植物适宜人类食用，它们是上帝在创世第三天创造的粮食和水果。

"纯天然"食物

尽管（或者因为）我们增加了加工食品和带包装食品的使用率，但是近年来，人们着迷于去选择更天然，言外之意也更有益于健康的食品。许多食物的市场营销语言加深了人们的这一印象，诸如菜肴被描述为"味道纯天然""采用对自然友好的加工方式"。号称基于人类祖先在狩猎采集时代摄取方式的古老饮食（Paleo-diets）大受吹捧，被认为能降低心脏病和糖尿病的发病率。鲜为人知的野生浆果被广告誉为"超级食物"，富含抗氧化成分，可以降低患癌症的风险。表面上，这些说法带有优良的老式常识的光环：棕色的面包、绿色宜人的土地。然而，只要动点脑筋，我们就会明白把现代饮食包装为任何类似纯天然的想法都是极为肤浅甚至荒谬的。但是，这些说法确实让我们不禁要问，在 21 世纪的人类社会里，将某些东西描述为"纯天然"是什么意思？

人类是少数几个成功地在地球上所有大陆定居的物种之一。尽管在人类历史上，随着每一次移居，我们越来越多地传播自己熟悉的作物，我们在一个新地方定居却是通过调整饮食，吸纳一切当地可用食材的方式实现。因此，几个世纪以来，在不同地区的饮食差别必然很大，而只谈论"一种"古老饮食显然过于简化。遥远的北方，因纽特人的古老饮食以肉类和鱼类为主，而且毫不奇怪地，很少包含新鲜水果和蔬菜。在冰屋里，要做到每天吃 5 种果蔬①实在太难，除非考虑一下"冻豌豆"②！在南方的温暖地区，季节性会变得极其重要。特别是，我们会在短期内获得远超所需的果实和种子。1991 年在奥兹塔尔阿尔卑斯山脉（Ötztal Alps）发现了距今 5200 年的"冰人"，对其肠道内容物的分析结果表明，他最后一餐的主食是野羱羊肉。但是，对他头发的碳氮同位素分析显示，这一餐他吃得很不寻常，因为

---

① 英国流行的一种"健康饮食"观念，即一天至少吃 5 种果蔬。

② 原文为 frozen pees，直译是冻结的尿液，pee 与 pea（豌豆）同音，作者利用二词谐音调侃当地太冷，缺乏果蔬。

他通常的饮食是以谷物和豆类为主的素食。其饮食主要是植物的进一步证据是牙齿的磨损程度。这似乎是大多数情况下的常态。因此各个地方的狩猎采集者，更准确地来说应该被称为采集狩猎者。在热带雨林地区，季节性不是采集狩猎者需要面对的问题。此外，这些森林以高度的生物多样性著称。因此，雨林为其居民提供了潜在的更为多样化的食材。事实上，有人认为，热带雨林多样性如此高的原因之一是，人们高效地耕植了雨林，利用了众多的原生植物。这是一个吸引人的浪漫理论，但可能是错的。当然，这里很难理清什么是因什么是果。雨林的多样性如此之高，是人们为了广泛利用不同的资源而促成的结果，还是因为人类学会了利用雨林中天然涵养的大量植物？这一难题可能无法解答。在某种程度上，这就像想知道哪种饮食方案是最天然的一样毫无意义，或者像设法归纳出一份纯天然食谱一样徒劳无功。

试图寻找纯天然食物隐含一个假设，即认为它们比现代食物更健康。这种观念几乎和认为存在一种单一的天然人类饮食习惯一样天真。首先，我们必须认识到，目前我们人类的健康和预期寿命情况比以往任何时期都要好（近年来的肥胖现象除外）。尽管这一部分要归功于医学和卫生方面的进步，但我们同样需感谢农学家，他们为确保健康食品的可靠供应做出了很多贡献。其次，我们需要考虑存在一种可能，即某一生活方式下的健康饮食可能在另一种生活方式中并不适用。比如，如果你每天被北极熊追着在冰上奔跑，即便每天吃 1 磅鲸脂大概都不会得心脏病；但如果你整天坐在办公桌旁盯着电脑屏幕，你可能会发现这 1 磅鲸脂的卡路里很难消耗掉。再次，这种认为原始饮食有益于人类健康的观念，其背后的前提假设是，人类和人们选择的食物都没有改变过。事实上，乳糖不耐受在没有食用乳制品历史的人群中更常见，糖尿病在不太容易获得糖制品的地区更普遍。这些都表明这个假设过于简单。对于富含淀粉的根茎类作物的消化过程也出现了同样的现象。由于基因增倍，我们的唾液淀粉酶（消化淀粉的酶之一）是人类近亲——依靠水果为生的黑猩猩——的6倍。

有证据表明，我们的基因由于饮食习惯的改变发生了调整和变化。不仅如此，还有越来越多的科学研究揭示，我们的肠道菌群也是动态的，会根据我们吃下的食物做出改变。虽然大多数证据来自对牲畜的研究，但显然我们大部分的消化活动也是由肠道内的微生物负责，这些微生物会随着我们的饮食摄入而改变。尽管肠道菌群的变化速度可能足以使我们适应食物的季节性变化，但它们也许很难处理我们偶尔吃一下的浓辣咖喱鸡块。可以说，大多数地方更天然的人类饮食会保持长时间的单一性，某一些水果或根茎类在可获取的时期一直在餐桌上占主导地位。虽然不包括"一天5种"不同的水果或蔬菜，但讽刺的是，这种单调的饮食习惯可能相当健康，因为每日摄入的食物差别不大，有足够的机会让肠道菌群适应并优化。这个理论目前还未经验证，而且很可能一直得不到验证，因为这种单一的饮食很难吸引人：尽管一年当中有很大的变化，但连续数周内，早餐、午餐和晚餐会基本保持不变。

虽然早期文明中的人类吃过的植物可能比我们今天更为多样，但没有什么有力证据表明，他们种植的作物远远多过我们在超市里见到的。因此问题依然存在，是什么原因导致了我们天生的农业保守主义？同时，在探索天然的人类饮食习惯可能的样子之后，我们是否了解了人类选择食用和栽培的植物？粮食供应的季节变化和缺乏稳定必然是全球许多地方高度重视的问题。饥饿的威胁似乎经常驱使我们的祖先去吃未成熟的或早已超过"保质期"的东西。这种生存策略也许会导致人们注意到那些鲜为人知又刚好在歉收时期——其他物种成熟之前或之后——结果的物种。正如我们将会看到的，人们采取的另一个策略是去驯化易于安全储存的作物。不幸的是，有时候这会酿成大错。

花生

众所周知，如果贮藏条件很差，花生比其他任何作物都更容易对人类造成潜在危险。尽管食用发霉的花生，甚至只是用来喂鸟都有实实在在的风险，但让公众对此警醒的那段往事却被误传深远。

第二次世界大战后，英国人把神奇的花生当作救世主。1946 年，新当选的英国工党政府为"坦噶尼喀①花生种植计划"投资了近 5000 万英镑。当时英国仍然定量配给食物，因为富含脂肪和蛋白质的食物特别紧缺。他们的想法是在非洲东部 600 平方公里的土地上种植花生。整个计划最终完全失败：该地区仅有 1/3 的土地被耕种，最后只收获了 2000 吨花生。在农业界，人们普遍认为，"花生计划"失败的原因是花生被黄曲霉菌（*Aspergillus flavus*）污染了，而黄曲霉菌会产生剧毒的黄曲霉毒素。事实上，这项计划失败的主要原因是后勤和管理上的一系列失误。所选的土地表面覆盖着难以清除的厚厚的植被。进口

---

① 坦噶尼喀（Tanganyika）是坦桑尼亚的一部分。

图 1.1　和很多作物相似，花生容易遭受真菌侵染，这会导致它们变成毒物。

的重型机械在东非难以运输、维护和使用，而且运输道路还被洪水冲垮了。同时，愤怒的大象、犀牛、狮子、鳄鱼、蜜蜂和蝎子也困扰着执行该项目的"花生部队"——由退役军人组成的志愿者。好不容易种下之后，富含黏土的土地受到了非洲烈日的炙烤，使得花生差点儿被烤熟而几乎没有收成。最后，被逼疯了的"花生部队"转而种植向日葵。讽刺的是，在一场严重的干旱之后向日葵也被太阳烤煳了。这项计划于1951年被迫取消。

和许多作物一样，野生的花生完全不为人知，它很可能起源于两种野生祖先的自然杂交。杂交可能发生于数千年前的阿根廷或玻利维亚，之后偶然发生了遗传物质的加倍，使这一杂交种能够产生可育的种子，从而成功创造出花生这一新物种。已知的最古老的花生诞生于大约5000年前，（滑稽的是）它曾长时间地粘在一把古典沙发背面！

到了地理大发现时期（哥伦布时代），花生已经征服了整个南美洲和中美洲，包括加勒比海地区。在此之前，古印加人会将花生磨成稠糊，因此他们最有资格声称自己发明了花生酱。当然，把花生磨成糊糊很难说是一个发明，因为许多美国的伟人都声称自己发明了花生酱。其中乔治·华盛顿·卡弗（George Washington Carver，第一位拥有自己专属的国家纪念碑的非裔美国人）常常被认为发明了花生酱和另外299种与花生有关的产品。卡弗确实是一个出类拔萃的人。在美国内战期间，他同母亲和妹妹一起被人从奴隶主那里绑架，只有乔治一人幸存下来。但是由于此遭遇，他的身体垮了，无法继续在田间干活。值得注意的是，在那个年代奴隶出身的他居然能够完成中小学和大学教育，最终成为一位著名的农业科学家。他一生致力于改善美国南部各州的农业生产，那里的农业发展不仅受到战争的破坏，连续几年的棉花种植还导致土壤变得贫瘠。他鼓励农民将作物和具备固氮能力的花生轮作，同时促进它们的消费（因此他为花生找到了300种不同的用途）。挑剔他的人指出，这300种产品中有很多是重复的，包括近50种基于花生的染料，10多种花生粉和10多种纤维板。挑剔他的人也许只是嫉妒，因为他们从来没有被邀请参加那种可以把花生玩出300种花样的聚会！

据说，卡弗是个非常虔诚的基督徒，他没有为自己的花生酱做法申请专利，因为他相信所有食物都是上帝的恩赐，人类不应该从这个神圣的慷慨中获利。约翰·哈维·凯洛格（John Harvey Kellogg，以发明即食玉米片闻名）显然不认同卡弗的理念，他在1895年注册了自己的花生酱专利，一年后开始出售制作花生酱的机器。通过烘焙时的热处理以及加入大量糖和盐，花生酱解决了花生的储存问题。在可能有助于防止霉菌生长的同时，这一做法彻底改变了这种食物的味道，使其更加开胃。类似的现象在历史上重复发生了多次，在我们决定何种植物将被驯化并被继续食用时起到重要作用，哪怕现在我们全年都有新鲜的农产品供应，并且具备了更为有效的食物储存方式。

黑麦

虽然没有决定性的证据表明原始的天然食物特别健康，但我们的选择也许经受住了考验。那我们是否应该为现代食物感到担忧呢？里面尽是些残留的农药和化学添加剂，以至于这些食物被视作健康的威胁。黑麦的故事表明，直到最近我们的食物仍可能充满不确定的污染物，而且这些化学物质中有许多都比我们今天冒险试吃的任何东西都要毒得多。

对大多数人来说，黑麦是一种不熟悉的作物，但过去它在北欧地区很常见。相比之下名为"corn"的植物是最重要的作物，但让人混淆的是 corn 这个词在不同地方指代不同作物。对美洲人来说，它指玉米，对英国人来说是指小麦，对苏格兰人来说是指大麦或燕麦。简单点说，英语的 corn 一词用来描述当地种植最普遍的谷物（无论它是什么）。因此在北欧，corn 即指黑麦，到了亚洲则指水稻。我们就不管物种定义的专门名称了，反正 corn 是指任何地方的人用以制造对文明生活至关重要的两种商品的作物，换句话说就是面包和啤酒的原材料！因此，在地球上几乎任何一处地方，你都会发现当地人吃着可以被认为是面包的东西，喝着某种形式的"啤酒"。今天，这种巨大的多样性可能是形成啤酒节或面包房橱窗展示品的基础，但历史上它曾导致了一件非常奇怪的事，奇怪到人们只能用神迹或圣人来解释。

在黑暗中世纪的久远岁月中，在西方世界对因果关系还没有多少科学认识时，冬季严寒、夏季温暖潮湿的欧洲北部①，主要粮食是黑麦。在荷兰、波兰、德国和法国北部，黑麦面包是很普遍的食物。那里经常爆发一种被称为"圣火"（Holy Fire）或者"圣·安东尼之火"（St. Anthony's fire）的疾病。当时人们认为这种病是因为被恶魔拜访过或被恶鬼附身所致。据记载，那些遭受圣火之苦的可怜人会出现剧痛、抽搐、皮肤的灼烧感和生动的幻觉。更极端的案例是，有的人手臂和腿上会出现坏疽，四肢迅速发黑，变得干瘪，最骇人听闻的是

---

① 后文所述国家并非我们惯常理解的北欧国家。这里的"欧洲北部"及本篇前文中的"北欧"皆译自原文"northern Europe"。

在毫无预兆和流血的情况下就断掉了。疾病暴发经常影响整个村庄。994 年，在法国西南部的阿基坦（Aquitaine），据说有 4 万人死于圣火。因此对一个旅行者来说，当他恰巧看到一个小镇的居民正在经历集体性幻觉和痛苦地尖叫时，似乎有足够的理由相信这里的人都被恶灵附身了，而唯一的解决办法便是去教堂祈祷以驱除镇上的魔鬼，或烧死实施黑魔法的居民。

面对这样绝望的形势，阿基坦的主教向患者展示了圣·马夏尔的尸骨。更著名的是，隐士·圣·安东尼（St. Anthony the Hermit）的尸骨被说成可以治病，因为后来被确认有效。（这里的隐士并非现在广告里招募的"隐士"工作。）这位圣徒原来生活在亚历山大港（Alexandria）附近的沙漠中。他死后，撒拉森人侵占了亚历山大港，他的尸骨被运到君士坦丁堡（Constantinople，现在称为伊斯坦布尔）。1070 年，十字军的哥斯林二世（Geslin Ⅱ）把它们带到了法国的维埃纳（Vienne）。在这里，于圣安东尼神殿修行的修道士以能治愈圣火而出名。说来也奇怪，他们竟有能力进行截肢。据说，患了圣火的朝圣者喝下一杯被称作圣·维纳吉（St. Vinage）的酒后，将在 7 天内被治愈——除了那些死掉的（这些死亡数据只要用小字说明就行了，人们总是这样处理）。这种酒曾在耶稣升天日被放置于圣徒的尸骨旁边。

在这个进步的年代，我们不太相信有恶灵。圣火的真正原因以及去维埃纳神殿朝圣确实奏效的原因与食用黑麦面包有关。在潮湿的年份，黑麦经常感染真菌，这使得谷穗顶部形成又黑又硬的穗状物体。现在我们知道，这些名为麦角菌的真菌会感染很多禾本科植物，包括大部分重要的谷物，但在黑麦中——特别是较潮湿的年份——尤为常见。不幸的是，麦角菌会产生一系列剧毒的化学物。其中一些会限制血液流动，并且会引起皮肤的灼热感，极端情况下会造成断肢，因此，过去的草药医生会将麦角用于产后止血以及引产。另一种在麦角中发现的生物碱与致幻剂麦角酸二乙酰胺（LSD）密切相关，显然它是那些遭受圣火的人会产生幻觉的原因。所以我们现在对症状有了一个科学的解释。那么如何解释治愈的原因呢？

假设你正在遭受皮肤灼烧之苦，头脑也在戏弄你，令你产生了幻觉，那么根据当地神职人员的建议，你应当从北欧的家乡出发，前往法国的圣安东尼神殿。这段路需要徒步几个星期才能走完，而你带的黑麦面包三明治将迅速耗尽。越往南部走，你就越有可能吃到由小麦粉制成的面包。当然，那儿很可能更干燥，因此更少受到麦角菌的污染。当你到达维埃纳时，你已经很长时间没吃过黑麦做的东西了，这足以让你的症状消失——奇迹般地治愈了！前提是你的腿没在旅途中"走断"。

一些历史传闻记述了人类做过的最奇怪的事情。其中许多事情的原因可能就是麦角中毒。例如，1692 年和 1693 年，马萨诸塞州的塞勒姆审巫案，19 人因为受到参与黑魔法的指控而被绞死，有人认为真正的原因是他们中了麦角菌的毒。天气记录表明，那两个年份的夏季确实特别潮湿，紧接着出现的几个干燥的夏季中则没有巫术记录。1951 年，法国南部的蓬圣埃斯普里（Pont-Saint-Esprit）有 7 人死亡，50 人因为行为古怪而被送去精神病院。这一事件被广泛报道为麦角病暴发，但是最近我们才知道，真正的原因可能是覆在谷物外面的除真菌剂造成的汞中毒。农业科学家发出的警告认为吃有机食品可能会对健康造成伤害，因为它们可能会被有毒的真菌污染。相反，有机耕作的农民则认为这些恐怖的故事被夸大了，相比被人造化学杀虫剂毒害，吃一点天然污染物要好多了。毕竟明枪易躲，暗箭难防！①

毒麦

黑麦的故事表明，我们的祖先可能过于天真，不知道收获的作物中埋伏着潜在毒物。例如，草地山罗花（*Melampyrum pratense*，英文名 cow wheat，直译是奶牛小麦）是一种蔓生的小草，它不太寻常②，喜欢生长在林地和荒野，过去被视作耕地杂草，其属名来自希腊语"melas"和"pyros"，意思分别是黑色和小麦。这个名字被认为与其种子有关，如果面粉中混入了它们的种子，那么在烘焙过程中，面包将变成不受欢迎的黑色。20 世纪 70 年代对约克郡维京人定居点的考古发掘发现，许多房屋的角落里堆积了大量种子。这些种子来自一种非常美丽而如今在耕地上很少见的野草——麦仙翁（*Agrostemma githago*）。然而，历史上麦仙翁是一种极其常见的植物，其种子与玉米粒差不多大，很可能在收割时被混入小麦中。这些毒性很强的大颗粒种子现在很容易通过联合收割机的机器筛网去除。因此，农业机械化的引入使得麦仙翁变少了，也让我们日常食用的面包变得安全。如果当时约维克③的维京人也会这一招，那么他们就不必用手慢慢地从贮藏的小麦中挑去有毒的种子，而有更多的时间来奸淫抢掠。

---

① 此句的原文为：Better the devil you know！意思是，有机耕作的农民知道自己要面对的污染物是什么，因此容易预防。

② 草地山罗花靠蚂蚁传播种子而繁衍。但由于蚂蚁行动力有限，这种植物极少能走出原生地，到另一个林子定居，在欧洲被视为"古老林的指示物种"。

③ 原文为 Jorvik，维京语，即现在的约克郡。

图 1.2　毒麦这种一年生禾草是耕地上常见的杂草。
事实上，因为具有麻醉特性，可能已经有人在栽培它了。

餐桌植物简史

进一步的证据表明，食物污染的危害在以前也是众所周知，这能在威廉·莎士比亚的作品中发现。在《李尔王》（*King Lear*）中，考狄利娅（Cordelia）这样形容她发疯的父亲："……头上插满了臭烘烘的烟堇、牛蒡、毒参、异株荨麻、草甸碎米荠、毒麦和各种蔓生在田间的野草。"虽然名为 darnel 的物种身份尚不能完全确定，但人们认为它最有可能是一种一年生杂草，即拉丁名为 *Lolium temulentum* 的毒麦。法国人称其为 ivraie①，来自拉丁语 ebriacus，意思是沉醉的。同样地，种加词 *temulentum* 原本也是拉丁语，意思是醉酒的。毒麦的种子在外形上与小麦粒非常相似，如同麦仙翁一样，它混在被收获的作物中，并且被认为是面粉中常见的污染物。与黑麦一样，毒麦本身没有毒性，但它的植物组织内通常会生长一种内生真菌。正是这种真菌制造了有毒的生物碱，会使人产生醉酒的症状，甚至可以导致死亡。有人认为，不仅李尔王的疯病是由毒麦中毒所致，在中世纪，人们还常常会故意食用受到污染的面粉，让自己烂醉如泥。事实上，有记录表明人们专门种植毒麦以收获其种子，因为把它加入制作麦芽酒的原料能够加强醉酒后的兴奋效果。尽管让自己中毒麦的毒是在和死神打交道，但中毒后那种陶醉的状态值得冒此风险，毕竟它暂时减缓了饥饿的痛苦和日常生活的悲伤。因此，这种原来被当作杂草的植物似乎已经无缝地变为一种药物而被栽培。

番茄

人类只选择了数量有限的植物用于栽培和食用，当试图理解这一极端保守主义的时候，我们发现了悖论。在人类的历史中，我们

---

① 在法国，ivraie 也指与毒麦同属的黑麦草。

经常迅速吸收外来的新事物。在某种程度上，这是我们现代饮食各个方面中最不寻常和最不自然的地方。所有其他动物都只吃它们在当地能够获取的食物。而现代人类则把自己喜爱的作物移植到了几乎每一处他们可以蓬勃发展的土地上。虽然许多移民会受到当地原住民的偏见，但是外来的作物受到偏见的可能性却不大。因此，如今无论我们走到哪里，我们都能找到熟悉的水果和蔬菜。令人惊讶的是，许多处处可见的作物竟是一些国家的国菜和地方特色食物的主要原料。一个明显的例子就是番茄。几乎很难想象，如果意大利菜失去了风味浓郁、色泽鲜红的番茄会是什么样子。当然，番茄原产于南美洲及中美洲。因此，尽管罗马皇帝的画像经常用来装饰披萨店，但他们却从来没有体验过玛格丽特披萨上美味的番茄酱汁。在英国，试图找出真正原产于英国的食用作物几乎是不可能完成的任务。英国的饮食以及英国人本身几乎来源于全球各处。在许多方面，我们的食用作物比以往任何时期都要多样，但同时，我们依旧把自己限制于一小部分可食作物中。

虽然现在番茄是世界各地的人们普遍喜欢食用的作物，但在很久以前并非如此。当它首次引入欧洲时，遭到了高度怀疑。尽管外来植物不总被认为好吃，人们却常常相信它们对健康有惊人的好处，或者具有其他功效。和许多其他新食物一样，番茄被认为是一种壮阳药，英国人和法国人称之为爱欲之果，罗马天主教会称之为魔鬼的果实。它的拉丁名种加词 *lycopersicum* 直译是恶狼的桃子。这种水果（尽管也可以当作蔬菜来吃）被人怀疑有毒的可能原因是，它和致命的颠茄属于同一个科。事实上，番茄未成熟的绿色果实和它的叶子确实含有少量有毒的配糖生物碱（glycoalkaloids）。此外，最早引入欧洲的番茄很可能是小果品种，大小类似现在的大樱桃，模样很像欧白英的果实。尽管它不像这些致命的物种那样有毒，但这些相似度会是任何销售商的噩梦。

番茄引入欧洲的确切日期并未确定。随着科尔特斯（Cortés）于1521年攻陷了阿兹特克帝国（Aztec）的首都特诺奇提特兰（Tenochtitlán），番茄很可能首先抵达了西班牙。尽管番茄很像有毒的植物，但它还是在短短23年之内就被意大利植物学家马蒂奥利（Mattioli）描述为一种茄子，可以用盐、黑胡椒和油烹食。即使如此，当时在意大利种植的大多数番茄似乎都只是用于观赏或被当作餐桌装饰品。过了将近100年后，它才成为意大利菜的常规用料。然而，和以保守为特色的英国人相比，这个吸收同化的速度已经很快了。约翰·杰勒德（John Gerard）于1597年出版的著名的《本草志》（*The Herbal*）认为"整株植物臭味熏天"，虽然他提到，在西班牙和其他较热的地区，人们用胡椒、盐和油烹食番茄，"但它们对身体没什么营养，同时毫无价值"。英国人不会为外国食物而狂热。结果，此后的200多年里，番茄在英国或其美洲殖民地没有被广泛食用。

我们会轻易嘲笑杰勒德对番茄的优点缺乏了解，但我们大多数人对自己的食物却同样无知。没有其他物种（像人类这样）对自己食用的东西那么生疏。尽管在制作食物方面有很明显的地区差异，但在全球范围内，我们总是倾向于种植和食用许多相似的作物。即使在最具异域风味的市场，摊位上也可能包含许多容易认出来的产品，混在当地的特色菜品之中。此外，由于我们可以在受控制的环境中种植这些作物，能够迅速运输，并将其储存在冷藏条件下，这些作物渐渐变得

图 1.3　现在，全世界都热爱番茄，然而最初，
英国人却不愿意吃这种果蔬，因为它有太多太多"狠毒"的亲戚。

　　　　　　　　　　　　　　　　餐桌植物简史

全年都可获取。结果，我们大多数人都不知道每天吃的作物原产于哪国。我们吃的植物是否仍然可以在野外找到？还是说经过数千代的栽培和选育，作物已经跟它们的野生祖先相差甚远？几乎没人知道。在下一章中我们将讨论这些问题：为什么很少有真正野生的作物？这些作物有什么共同之处吗？如果有的话，人们为什么要种植一些尚未从野生祖先驯化过来的植物？

第二章　野生植物

作物和野生植物之间有什么区别？这种区别不是黑白之分那般绝对。本章我们将发现许多作物和它们的野生祖先几乎没有什么差别，也有一些作物从我们的饮食中逐渐消失，重新回归野外。即使经过数千年的栽培，很多作物仍和野生祖先生活在一起，它们之间还定期进行双向的基因流动。现代遗传学工具揭示，一些作物曾多次被驯化。极端情况下，栽培了数千年的作物还保持着变种的模样，就像刚刚从野生种里分化出来似的。

苏联早期，俄罗斯科学家尼古拉·瓦维洛夫（Nicholai Vavilov）就意识到世界上大多数农作物都起源于少数几个古老的驯化中心。相反，广袤的澳大利亚和北美洲大陆对我们的现代食谱做出的贡献是少之又少，只有一小部分配角，如澳洲坚果和欧洲蔓越莓，况且它们从本质上讲仍然是野生物种。瓦维洛夫提出的这些作物驯化中心大致等同于早期人类农业文明的发源地。因此，我们要感谢阿兹特克人提供了南瓜、玉米、各种豆子、可可、番木瓜等，中东地区则贡献了苹果和梨，以及小麦、大麦、黑麦和燕麦等许多谷类作物。瓦维洛夫在全球范围内划出 8 个这样的区域，囊括了几乎一切作物的驯化中心。他意识到这些地方不仅具有特殊的历史价值，也对像他这样的作物遗传学家有着重要的生物学意义。

因为只有在物种最初演化或被首次驯化的地方，我们才有机会发现最丰富的遗传变异。遗传多样性是植物育种者创造新的作物品种所必需的"原料"。高水平的遗传多样性与瓦维洛夫驯化中心相关，因为农作物从自然种群中离开后，基因和非正常的基因组合会逐步丢失，进而被有效地稀释成"背井离乡"的亚种群。根据这套理论，还有苏联当局的支持，瓦维洛夫及其同事前往全球各地的驯化中心收集作物，并建立了世界上最大的种子收藏基地。但是非常不幸，这个故事有一个悲惨的结局。当时基于遗传改良的培育植物的想法并不完全符合苏联的意识形态。那时候盛行的理论认为，对待所有个体都应一视同仁。所以寻找优良的基因型这件事就变得比较尴尬了，即使我们谈论的是马铃薯。同时，瓦维洛夫的学术劲敌特罗菲姆·李森科（Trofim Lysenko，他反对孟德尔遗传学思想）正在琢磨，如何通过对种子进行冷休克处理以增加产量。这种方法被称为"春化作用"。通过改变环境，李森科就能够提高产量。这个过程反映了斯大林的构想，即通过创建完美的共产主义国家，个人将成长为更优秀、更具生产力的国民，社会也更加公平。因此，瓦维洛夫的先驱性工作后来受到典型的斯大林式对待——他于 1941 年 7 月被判处死刑，次年减刑至 20 年有期徒刑。1943 年，瓦维洛夫因营养不良逝世于古拉格集中营。不过，瓦维洛夫的种子藏品倒是被设法保留了下来。1941 年到 1943 年，在纳粹围攻列宁格勒的艰难时期，他的科学家英雄团队一直守护着这份宝贵的农作物遗传资源，其中一些人甚至在这 28 个月的围困中活活饿死了。

这样明显反科学的植物育种方法让苏联付出了昂贵的代价，一定程度上导致了集体农场制度的低生产力。而与此同时，遗传优良的作物品种已在西方竞争者的领土上占据统治地位。

蔓越莓 ①

讽刺的是，虽然苏联对作物驯化遗传学的理解具有开拓性，但却是美国首先培育出了典型的蔓越莓（cranberry）。不过至今，蔓越莓也很难算得上是真正被驯化的作物。因为 19 世纪 40 年代，人们发现它最重要的一个变种还生长于天然沼泽中。相比世界上其他作物而言，蔓越莓的栽培过程可能最具技术含量，也最为奇特。

蔓越莓是杜鹃花科越橘属里生长缓慢的一种植物，原产自美国东部和加拿大的酸性泥炭沼泽地。它有一个英文名相同的近缘种，染色体数目是它的两倍之多，但分布在欧洲和北美洲相似的生境中。这种欧洲"蔓越莓"只能勉强结出小小的浅色的浆果。苏格兰的部分地区，还有另一种同属植物也被称为"蔓越莓"，又叫越橘（cowberry），当地人从野外收获它的果实。

早在 1620 年清教徒先辈移民从普利茅斯岩 ② 登陆北美洲之前，

---

① 蔓越莓是大果越橘的一个商品名。

② 普利茅斯岩（Plymouth Rock）是 1620 年逃避宗教迫害的英国清教徒们乘"五月花号"（Mayflower）漂洋过海，登上北美大陆时踩踏的第一块岩石，随后他们建立了普利茅斯殖民地。

美洲原住民万帕诺亚格人（Wampanoags）和拉干西特人（Narragansetts）便懂得采摘野生的蔓越莓了。他们把这种水果称作 saseminneash，并和鹿肉、肥肉混在一起捣烂，制成干肉饼（pemmican）[①]。他们还用蔓越莓来染色，认为可以用它来吸收由毒箭造成的伤口里的毒素——对那些就圣诞大餐这一话题争论不休的家庭来说，这可是一份相当宝贵的情报![②]欧洲殖民者很快爱上了这款新水果，1663 年清教徒烹饪手册就描述了怎样做出完美的蔓越莓酱汁，时隔多年蔓越莓才成为一种时髦的健康食品。那时候，蔓越莓完全靠野外采获。出于非同寻常的远见，殖民者和原住民都意识到了过度采摘的危险性。1670 年，人们圈定土地设立蔓越莓保护区，法律也明确规定哪些人可以开发这些公共的沼泽。随后法律又禁止采摘未成熟的果实。到 19 世纪，许多地区仅允许当地居民采摘了。

　　蔓越莓最终能成为一种得到人类积极栽植的农作物，要得益于亨利·霍尔上尉（Captain Henry Hall）在 1816 年的一次偶然观察发现。这位参加过美国独立战争的老兵注意到，他不小心往野生植物上铺了一层沙土后，它们竟然长得更好，结出的果实更多；不仅如此，他移栽到自己农场的藤蔓也有同样的反应。卡洪家族是早期种植蔓越莓的人中最杰出的代表，他们靠这一行业发展壮大。1845 年，阿尔文·卡洪上尉（Captain Alvin Cahoon）创办了第一个人工栽培蔓越莓的沼泽基地，并且开挖一条水渠来调节灌溉。1847 年，阿尔文的表亲赛勒斯·卡洪上尉（Captain Cyrus Cahoon）首创了"地基平整"

---

① 这是北美印第安人的一种食物。

② 意思是英国人准备圣诞晚餐总会用到蔓越莓，一家人享用圣诞晚餐时谈天说地、其乐融融，"蔓越莓可吸收毒素"这样的趣闻自然是晚餐话题的"宝贵情报"了。

的蔓越莓沼泽田，其中一些至今还处于生产状态。为了不被竞争对手超越，赛勒斯的妻子莱蒂丝·卡洪（Lettice Cahoon）发明了'早黑'（'Early Black'），这是迄今为止最重要的蔓越莓品种。

现代的蔓越莓泥塘是通过剥除地表植被，建造平整的泥炭基地而成，然后往其上覆盖一层沙土，借助激光技术确保泥塘的表面绝对水平。沟渠和池塘可作为水源，这也是蔓越莓生长的必要条件。想给1亩种植畦田提供充足的水，果农就得在一个管理湿地的复杂系统中维护另外4亩地。在新的泥塘中插枝，大概过四五年才能结果。每年冬季12月至翌年3月间，人们会特地给泥塘灌满水，以保护植物免遭霜冻。这样做能让植物在温暖舒适的冰层之下度过寒冬。春天，当晚霜预报响起时，喷灌装置系统会向植物洒水帮助它们御寒。

直到"一战"末期，大多数蔓越莓采收工作仍要借助人工，尽管1920年就诞生了第一台骑乘收割机（ride-on harvester）。今天，有些蔓越莓依然通过剪草机似的机器进行"干收"①。但是，大部分蔓越莓都难逃被加工的命运，20世纪60年代以来，人们一直采用一种独特的方法收获这种浆果。先往泥塘中重新注入30厘米深的水。水流像打蛋器一样抽打着果实，使果实与植株分开。由于果实中有气腔，所以它们会浮到水面上。接着上下浮动的浆果被漂浮的水栅圈起来，或者被吹到岸边，再用泵抽走。干收的果实会通过果实弹跳测试的结果做出精细划分，选出质量最好的品级。湿软的浆果是不会反弹的。

---

① "干收"即旱地收获，是相对于"水收"而言。美国采收蔓越莓的作业高度机械化，主要通过下文所述的水收方式进行。每年蔓越莓的采收都是极其壮观的场面，并已成为美国一项独特的旅游景观。

尽管这项测试很简单，但当你向当地水果商贩购买一桶蔓越莓时，你肯定不想去测试！

虽然蔓越莓依旧算是未被驯化的作物，但其栽培却是目前最具技术密集型特征的产业之一。近年来，多亏了市场卖力鼓吹蔓越莓的保健作用，这款水果的需求量不断增加，进而导致更多的天然沼泽被改造成了蔓越莓农场。仅在威斯康星州（Wisconsin），蔓越莓苗床的覆盖面积就已超过 15,000 英亩，另外 23,000 英亩是作为水库供给苗床水分。所以，毫不奇怪该产业会遭受来自环保团体的压力，因为重要的野生生物栖息地由此丧失，水道也受到农药污染。

形形色色的浆果

在取得了北美公民身份的精选作物名单上，有一批互为亲戚的野生浆果。同许多完全野生的植物一样，这些野生浆果亦含有抵御天敌的物质，一般是以有毒化合物的形式保护自己免遭无脊椎害虫的啃咬。它们还可能含有抑制细菌或真菌的化合物，这些"化学武器"不断升级，以帮助植物对付一系列不同的疾病。我们将在第五章详细讨论这个现象。显然，在驯化过程中，人类倾向于选择有毒成分更少的植物。通常在这种情况下，我们培育出的作物不仅更能讨好我们的味蕾，也会诱惑饥肠辘辘的毛毛虫，且容易招惹疾病。由此导致十分有违初衷的局面：现代农业为了保护作物，不得不经常使用合成的、有害的化学农药，而不是依靠作物祖先原有的天然毒素。

许多未被驯化或半驯化的作物具有潜在的毒性，因为它们含有各式各样的化学毒物。既然这些"化学武器"能切实有效地打击植物病原体，人们相信它们也可以对抗人类的疾病，产生奇迹般的医疗效果。所以，保持野生姿态的作物，如蔓越莓、蓝莓和枸杞常被授予"超级水果"的荣誉称号。除上述道理外，人们还因新式作物含有较高水平的抗氧化物而对其寄予保健期望。这些化合物或许是通过清除高度活跃的自由基来预防癌症，不然自由基就可能跑去骚扰我们的DNA了。一般来说，抗氧化物会像有防御作用的化学毒物那样被驯化过程淘汰掉，因为它们很苦。无论哪种方式，这些潜在特性都会影响到这些野生作物的命名过程。

当你开始谈论某些农作物时，生命的面貌将变得扑朔迷离，因为许多作物是带着一大串截然不同的地方俗名走进人们视野的。同一个名称，总是在全球不同地方被一次又一次地用来指代毫不相干的植物。对此最简单的解释是，这一定跟人类迁徙有关。

去任何陌生的地方，我们随时能碰到一种不认识的水果或蔬菜。这时，我们会自然而然地用故乡有那么一点点相似的熟悉事物当"模板"，来给陌生的植物取名。于是，尽管叫法接近，但中国醋栗和好望角醋栗与真正的醋栗[①]之间并没什么共同点——除了它们尝起来都挺酸的。如果中国醋栗和好望角醋栗确实分别源自中国和南非，那上述解释[②]便具有更强的说服力。或许这充其量只是一部分原因，还有许多俗名的"山寨版"更令人摸不着头脑，猜不到取名缘由。例如，有种叫"无花果"的水果，自从亚当和夏娃用它那巴掌一般、尺寸

---

① 醋栗的英文是 gooseberry，此处中国醋栗和好望角醋栗均为英文名称的直译，分别指中华猕猴桃和酸浆。

② 指取名过程跟人类迁徙有关。

适宜的叶片来遮羞后，便声名鹊起、千古流芳了。然而当欧洲绅士去加勒比海游玩时，恐怕就要自惭形秽了，因为那里的"无花果"竟然是指香蕉！绅士们总不能彬彬有礼地询问当地百姓，是否真的要用香蕉那几米长的大叶才能遮得住他们的私处吧！

更改俗名的原因，可能在那些分布广泛、未被驯化又具有潜在毒性的农作物身上体现得最为明显。这些植物在世界某处没被利用，但到了其他地方却变成可口的食物。这时，更改俗名有利于市场推销、重塑品牌和增加好感。试想下，你会大快朵颐一盘名为"毒浆果"的鲜美水果吗？是不是"奇异果"或"太阳果"听起来更有食欲呢？我相信你懂的，因为"毒浆果""奇异果"和"太阳果"都是同一种的植物的别名，英国人常将其唤作"龙葵"，美国人则喜欢称之为"园艺越橘"（garden huckleberry）[①]。

实际上，真正的越橘（huckleberry）是一组很难用一个名称概括清楚的果实种类。"越橘"这个词囊括了好几种有亲缘关系的矮灌木，野生越橘分布于俄勒冈州（Oregon）、华盛顿州（Washington）和爱达荷州（Idaho）的酸性土山坡和沼泽地，这片区域是常绿越橘、沼泽越橘、高山越橘和红果越橘的故乡。这些越橘类植物的名称分别暗示了各自的生长环境或相貌。它们与美国人称为"蓝莓"的物种密切相关，而蓝莓又与英国人口中的"bilberries""blaeberries"和"whortleberries"纠缠不清。是不是越说越复杂了？这些水果中只有少数几种用于栽培，不过通常与其野生祖先相差不大，许多种越橘的积极消费者仍然

---

① 这种植物的学名是 *Solanum scabrum*，国内正式中文名叫"木龙葵"，与杜鹃花科越橘属没有关系。但 huckleberry 一词多指越橘类，因此下文接着讲"真正的越橘"。

是户外驴友，甚至熊。

把茄科茄属的龙葵塑造成园艺越橘的营销手段，简直是广告商的天才之举，他们只需要隐瞒一点真相——龙葵和越橘这两种植物完全就是两码事。它俩唯一的共同点是能结出又小又黑的浆果，烹饪过程中果实会变成奇妙的紫色。茄科还包括番茄、马铃薯和辣椒，它们都含有潜在的化学毒素。毕竟，食用尚未成熟的马铃薯的确不是个好主意。有很长一段时间，茄科以毒性闻名于欧洲文化，以至于面对从新大陆来的可食用的茄科植物时，大家都报以质疑的眼光。人们还认为，《哈姆雷特》《麦克白》《罗密欧与朱丽叶》中提到的毒药均来自茄科成员，即使莎士比亚没有在文本中暗示。茄科最臭名昭著的物种当属颠茄了，它总让人联想到那些消失在中世纪黑暗里的邪恶活动。颠茄经常被说成是女巫用于制作魔药的一种原材料，这种药能使女巫拥有"飞行的能力"，至少可以产生飞翔的幻觉。你就算不想入非非，也会意识到女巫跨坐在一把扫帚上的画面隐含着性欲。作为一项传统，女巫在装备扫帚之前，都会往帚柄上涂抹用颠茄制成的油膏。类似地，你就算不是生物学家，也能明白这种用药方法可以加速药物进入血液循环，但又限制了进入的量。人们一直认为飞翔的感觉来自心里的幻觉。虽然整个异教仪式都有腾云驾雾、群魔乱舞之象，但没有可靠的记录表明女巫确实能飞行。

龙葵（很遗憾它真的不是越橘）中能发挥潜在毒效的化学物质叫茄碱（solanine），它也存在于番茄、马铃薯和青椒中。幸运的是，随着果实成熟，茄碱会逐渐分解，所以极少发生食用这些作物后中毒的事故。尽管如此，古老的本草书籍仍建议不要喂孩子吃龙葵果实，成人若要品尝，也应该等这种植物的果实熟透了，且最好经过霜冻后。茄碱中毒的影响包括过度刺激神经系统。特别奇怪的是，阿托品（atropine）——另一种在颠茄里发现的活性毒素——却会产生和茄碱恰好相反的作用：抑制神经系统。因此理论上，龙葵和颠茄可以作为彼此的解毒剂。不过，如果食用龙葵后感到不太舒服，我不建议你去吃颠茄，除非你想体验骑上扫帚、带着黑猫飞过月亮的"旅行"。

茶藨子

未被驯化的作物并不局限于北美洲，也不仅仅在瓦维洛夫驯化中心以外的场所生活。然而，有些地方把作物和它们的野生种群种在一起，常常制造出更加复杂的情况。这时候，野生种群是不是从栽培群体里逃逸出去的，往往无从知晓。此外，栽培的和非栽培的植物之间还可能频繁进行基因交流。这样一来，逸生作物便被看作半驯化或具有一点点野性了。因为鸟儿采食了园艺植物的种子后会在整个村庄播撒，蜜蜂不带任何种族偏见地在野生植物和栽培品种之间传递花粉。

直到最近，还有带殖民主义倾向的农学家在其编写的关于热带作物的教科书中，多次公开用带有种族歧视味道的语言描述当地农民，说他们"原始野蛮的状况几乎无法想象"。然而，这些农民却都是非常成功的作物育种家，经常搞得大家无法确定他们的作物起源于哪一种野生植物。[①] 与此形成鲜明对比的是，被移栽到大不列颠群岛上的为数不多的植物，其中很多和仍然生活在野外的个体几乎没有区别。红茶藨子、黑茶藨子和它俩的近亲醋栗就是一个很好的例子。这三种

---

① 此处暗指这些农民栽培的作物与作物的野生种相差很大。

都能被看作半驯化物种，它们的野生个体随处可见却常被忽略。白醋栗其实是一种白化的红茶藨子。在英国树篱和丛林地带，都能发现这三种植物的身影，它们的野生种群和栽培品种的区别非常小，以至于有人质疑这些物种是否真为英国原产的。这有两方面原因：首先，鸟儿经常从花园和私人菜园里带出种子，飞到乡村散播或贮藏起来。一旦离开花园这堵高墙，那些逃逸的植物就能和与之相邻的真正野生的个体进行交配，以至于要从杂交后代和野生祖先中区分出逸生作物是不可能的。其次，野生茶藨子和醋栗的形态会与花园中栽培的那些如此相似，是因为它们的驯化时间特别短。16世纪以前，英国似乎没有栽培红茶藨子和黑茶藨子，虽然至少自罗马时期以来，人们肯定在野外摘过它们并作药用。实际上，18世纪以前，人们都一直认为黑茶藨子是臭的而厌恶它。相反，13世纪英国却从法国进口醋栗灌木，献给爱德华一世（Edward Ⅰ）。

醋栗栽培的历史更悠久，多多少少解释了我们为什么仍有可能买到超过200个不同品种的醋栗，而红茶藨子或黑茶藨子只有不及30个品种。不过，导致品种数量差异的主要原因是"醋栗俱乐部"热潮，这股热潮曾在19世纪早期从兰开夏郡（Lancashire）席卷了整个英格兰的北部。尽管这些俱乐部的主要目的是比赛生产出最大的果实，他们也生产了一系列不同颜色的果实。当时存在的700多个醋栗品种，不仅有绿色和红色的果实品种，还有黄色、白色、蓝色和黑色甚至具条纹的品种。如今，虽然有少数"醋栗俱乐部"留存下来，但很遗憾，绝大多数醋栗品种已经不复存在。

在为数不多的区分茶藨子和醋栗的驯化版本与其野生版本的方法

中，有一种是根据它们各自的"性偏好"。自然条件下，这三种植物都拥有自花传粉不亲和机制，这能保证它们即使不小心给自己传粉，受精和育种的过程也会遭到阻止，无法产生果实。正如预料的那样，这种自交不亲和机制往往限制了果实的产量。因此，人们育种时会剔除那些讨厌自交的种类。而且在农作物驯化过程中，人们经常会做这种筛选。或许不亲和机制的丢失也降低了物种之间发生杂交的门槛。不仅红茶藨子和黑茶藨子可以相互杂交，而且它们也能分别和醋栗交配。这种植物间的乱伦风气，也波及了来自欧洲和北美洲的该科其他成员。

不幸的是，横跨大西洋运来的茶藨子和醋栗引发了灾难性后果。黑茶藨子于 1629 年被引种到美洲，至 19 世纪 90 年代已被广泛栽植。之后人们发现，黑茶藨子扮演了一种名为白松疱状锈病的真菌病源库，这种病对当地松树具有毁灭性影响。因此，种植黑茶藨子在美洲很多地方成了违法行为。同样地，美洲醋栗移居英国后，也引发了英国 1905 年的醋栗霉病。有趣的是，美洲醋栗对这种霉菌具有免疫性，却害得欧洲其他醋栗的叶子都染上了一层"白粉"，果实变小且冒出了褐色斑点。之后，英国的醋栗产业再也没有从噩梦中恢复过来。从美洲新引进的醋栗虽然对霉菌有抗性，却仍无法代替当地的醋栗。因为如大家所料，它们的口感不佳。所以，现代的抗霉菌品种通常是来自美洲和欧洲的醋栗杂交的结晶。

有证据表明，美洲霉菌应该是导致英国本土醋栗幼苗死亡的罪魁祸首，继而可能使野生种群走向灭绝。但是自带抗性基因的各种美洲醋栗幼苗好像在野外存活下去的概率更高。也许，英国本土基因库被这些微量的美国基因"污染"后将产生意想不到的生态后果。一些无脊椎动物已演化成仅仅依靠醋栗为生。这些挑剔的昆虫似乎更喜欢吃含有抗性基因的醋栗叶，因为这些醋栗没生病。不过，它们的茁壮成长更多地依赖于血统纯正的英国本土植物。

猕猴桃

当人们得知猕猴桃其实是一种未被驯化的作物时，一般都会感到惊讶。这样想好像有点奇怪：你若去它的老家中国，仍可以从野外采到野生的中华猕猴桃，如同你在欧洲的路边就能摘到悬钩子一样。正因为如此，有件事情就显得更奇怪了：除了把猕猴桃当作补药推荐给儿童或者刚分娩的女性之外，中国人竟从来没有真正尝过它们。第一批发掘这种水果之美味的是新西兰人，他们于1937年建立了第一座猕猴桃商业果园。

中国人之所以未能领略猕猴桃（他们称之为"羊桃"）的魅力，大概是因为许多人对它毛茸茸的棕色果皮过敏——果皮的外表覆盖的那层毛具有刺激性。实际上，"致敏技能"在野生植物中很常见。另有几个与其有亲缘关系的物种也被称作"猕猴桃"。这种情况一般只发生在近期驯化的物种身上，因为经过长期栽培的种类更有可能和相似但未被驯化的近缘种清楚地区分开来。

人们最常吃的猕猴桃具有易被识别的毛茸茸的棕色果皮，拉丁名为 *Actinidia deliciosa*（美味猕猴桃）[1]。而表皮光滑的金黄色的中华猕猴桃，拉丁名 *Actinidia chiensis* 暴露了它来自中国而不是新西兰。此外，有3种形态非常接近的猕猴桃也能结出很像美味猕猴桃的果实，

---

[1]　最新的分类学研究已把该种处理成中华猕猴桃的一个变种。

只不过仅有葡萄那么大。它们分别是软枣猕猴桃、狗枣猕猴桃和葛枣猕猴桃。我们无法根据形态特征简单地辨别上述 5 种猕猴桃，因为它们之间经历了一种叫"网状进化"（reticulate evolution）的过程。这意味着猕猴桃属成员具有杂交和回交的癖好，以至于它们的家族进化树的分枝不仅产生分叉，还相互联结形成复杂的网络。这使得一些物种不只演化了一次。猕猴桃类另有一个十分古怪的遗传学习性：其他开花植物几乎都继承了母本的叶绿体，但猕猴桃类则由花粉粒携带着叶绿体及其基因，随同普通的细胞核 DNA 通过父系路线遗传给了子代。

正如我们从越橘和番茄的案例中看到的那样，新引进的作物通常会被"改名换姓"来避免各种形式的偏见。所以当新西兰人 1937 年引种美味猕猴桃时，他们毫不意外地把这种植物的中国名字"羊桃"改成了"中国醋栗"。不过接下来为了躲避税收，这种植物又一次改了名字，成为现在我们更熟悉的奇异果。1959 年，由于第二次世界大战期间，赴新西兰参战的美国士兵都喜欢这种水果的味道，新西兰便开始向美国出口猕猴桃。不幸的是，无论叫中国醋栗还是它的别名"小甜瓜"都招惹了很高的税费，因为浆果类和甜瓜类在当时都被视为奢侈品，而普通水果则收税很低。植物育种者的任务是选育那些茸毛较少的猕猴桃品种，他们声称这是由于女性顾客施加的压力，因为当她们手里拿着一对毛茸茸的球状物时，会感到很不舒服！

巧克力

难以想象这个世界上会有人不喜欢巧克力。但你知道吗，如今巧克力带给人们的香甜柔滑、入口即化的体验，与其最初的口感——玉米般的黏稠、辣椒般的味道以及咸咸的风味——相去十万八千里。部分原因是我们今天消费的大部分巧克力都可以通过前一两代追溯到它生活在亚马孙雨林中的野生祖先。这位祖先确实是未经驯化的作物。但其他可可树则有一段更高雅的过去，并且被栽培和崇拜了上千年。

巧克力来源于可可树，可可的拉丁名 *Theobroma cacao* 的字面意思是"上帝的食物"。它是热带植物梧桐科的一员，该科的拉丁名 Sterculiaceae 源自古罗马的厕神之名 Sterculius，因为这类植物的花都有一股恶臭。可可树和苹果树的大小差不多，前者生活在南美洲亚马孙雨林的阴暗处。这些真正野生的树被认为是一个叫"弗拉斯特罗"（Forastero）的可可品种，它们生命力旺盛，产量高并且抗病害。它们豆荚般的巨大果实内含 20～30 颗深紫色豆子，豆子藏身于酸性的甜黏液中。弗拉斯特罗树生产的可可豆在贸易中被叫作"bulk"，是制作牛奶巧克力的基础材料。在亚马孙雨林的上部冠层深处，这种树正在进行最奇特的繁殖方式。它有一个奇妙的生理过程，如果来访问花朵的摇蚊碰巧使它自花传粉（一朵花的花粉使同一植株的雌蕊受精）了，那它将抑制果实生长，以确保自交无法产生后代。若能杂交受精，果实则需 6 个月才能成熟，颜色从绿变黄。一旦成熟，猴子或松鼠便会轻而易举地摘走长在树冠或者直接从树干上冒出来的果实，然后囫囵吞枣地吃下果实中央的香甜肉浆，再吐掉苦涩的"豆子"（可可的种子）。顺便提一句，长角豆（因和巧克力味道相似而出名）也可以从树干上长出豆荚和豆子，而且是真正的豆荚。[①] 这是欧洲仅

---

① 长角豆是豆科植物，其果实为真正的荚果，即豆荚。而可可树的果实只是像豆荚而已，实为核果。

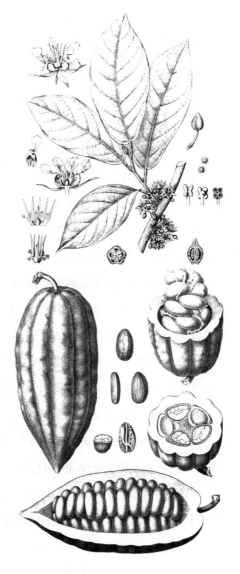

图 2.1 尽管可可的栽培史超过 4000 年了，
但世界上大部分巧克力的生产仍然依靠野生的可可树。

有的两种能在树干上结出"豆荚"的树。

至少在西班牙人征服新大陆的 2000 年以前，墨西哥的阿兹特克印第安人就已经食用可可了。他们还把可可豆当作一种货币，强迫玛雅人屈服并通过种植可可豆来交税，当时用区区 10 粒可可豆（不及一块玛氏巧克力的价值）就可以"雇佣"一名妓女。这种把可可豆当金钱使用的习俗似乎至少流传到了 1840 年。令人惊讶的是，作为一棵"摇钱树"，名为"克里奥罗"（Criollo）的栽培品种的产量却比那些野生的弗拉斯特罗树还要低。尽管有人可能质疑，对这种作物进行改良就跟印刷钞票一样不稳定，但非常奇怪的是，正因为它比祖先的产量低，才成为栽培作物中最独特的一种。还有一个区别是，克里奥罗树更容易遭受疾病感染，结出小而红的"豆荚"，其内装着浅紫色的大个儿种子。但这些豆粒般的种子更容易处理，而且口感更细腻。栽培的克里奥罗树和野生的弗拉斯特罗树之间，最大的差别是繁殖方式。前者（被迫）喜欢自花传粉（这也是它们仅有的选择），这或许和玛雅人总是种植单株可可树有关。大概这样世世代代进行自交的后果，便是它们较低的产量和较高的染病率吧。

很快，西班牙人就从中美洲印第安人那里迷上了巧克力，但他们更喜欢加糖，而不是辣椒。他们在加勒比地区的新殖民地广泛建立了克里奥罗树庄园。这个年轻的行业繁荣了近 200 年，满足着欧洲消费者对可可持续增长的需求。之后在 1725 年，一场被称为"暴风"的离奇枯萎病害摧毁了整个地区的可可树农场。从此，克里奥罗——这个能够生产优良风味的黑巧克力的可可品种——再也没有恢复过来，尽管后一个原因的可能性比较小。现在，纯正的克里奥罗树大概已经灭绝了。

枯萎病过后，加勒比地区从南美大陆引种了生命力更强的弗拉斯特罗品种，来恢复可可产业的活力。接着，这些引种的弗拉斯特罗树和残存下来的克里奥罗树进行杂交，产生了名叫"崔尼塔利奥"（Trinitario）的品种群。它有较苦的巧克力味道，一直被栽培至今。作为杂交种，崔尼塔利奥树在一切性状上均表现为父本和母本的中间类型，包括繁殖方式。因此，有些崔尼塔利奥树会发生自交不亲和，另一些树却能接受自花传粉。

"暴风"降临的同时，西班牙对该地区的统治也被打破了，欧洲殖民列强和贸易集团重新瓜分加勒比一带。来自牙买加这样的英属岛屿的人不能自由进入仍由西班牙控制的南美洲热带雨林。这些岛屿具体从哪里以及如何获取新资源来重建他们的庄园依旧是一个谜。不过，有一点比较清楚，正是这段急剧扭转的殖民历史，才使该地区出产了一系列绝妙的黑巧克力品种，而且每个岛屿的口味都很独特。

关于崔尼塔利奥树的诞生，《水孩子》（*The Water-Babies*）的作者查尔斯·金斯利（Charles Kingsley）在他的另一本名为《最后：在西印度群岛的一个圣诞节》（*At Last: a Christmas in the West Indies*）的书中，提供了一个更具想象力的解读。当地耶稣教会的格米利亚神父（Father Gumillia）把种植可可失败的原因归结为上帝在惩罚耕作者不缴纳税费的行为。为了论证他的"上帝愤怒"之说，这位虔诚的牧师指出，有一个名叫拉贝洛（Rabelo）的耕作者由于按时交纳税费而免遭此次灾祸。不过，金斯利从一个更合理的角度指出，特立尼达的大多数可可种植者都在生产风味优良、质量上乘的可可豆品种（容易染病的树），且在收获之前就已全部完成预售，从而狡猾地躲避了缴税，而拉贝洛却充当了先锋者，他种植的是巴西野生的更健壮的弗拉斯特罗品种，这种树结的豆子质量差，只能在收获之后销售，所以才要支付全额税费。因此也许上帝根本不在乎什么税收诈骗，毕竟关乎巧克力嘛。

直到今天，这些可以生产口感迥异的牛奶巧克力和黑巧克力的可可树仍然采取不同的繁殖方式。然而，这个关于繁殖阴谋的故事还有最后一次转折。目前，全球大多数用于生产牛奶巧克力的可可树分布于西非的加纳（Ghana）、尼日利亚（Nigeria）和科特迪瓦（Côte d'Ivoire）。在大航海时代，旧大陆出现第一座可可种植园的时候，人们进口的可可种子来自生长在南美洲沿海地区的可可树，那里是最近的产地。这些沿海生活的可可种群处于该物种自然分布的最边缘地带。尽管它们属于弗拉斯特罗品种，但被视作亚品种，称为Amelonado（因为它们的果实呈瓜状），译作"阿门罗纳多"。这些可可树的自然种群密度非常低，致使它们演化出了自花传粉的能力。

世界各地可可树如此演变的结果就是，黑巧克力应是自交繁殖，牛奶巧克力的性生活比较混乱，但实际情况却很可能相反。今天的可可树与其未经栽培的祖先关系非常近，基本上你吃到的每一块巧克力往前追溯2~3代都是亚马孙雨林里的野生可可树。

那么，我们是如何从这些又苦又黏的紫色豆子中得到一块块巧克力的？第一阶段足够令人惊叹，是发酵。首先要把收获的可可豆堆在香蕉叶上或放进木箱，包裹着豆子的浆糊似的果肉会引来果蝇狼吞虎咽，同时果蝇随身携带的酵母启动发酵程序。若干天后（弗拉斯特罗树需要的时间比克里奥罗树长一些），发酵产生的热量"杀死了"可可豆，并引起一系列化学反应，这对形成巧克力复杂的口感十分重要。发酵过程一旦结束，人们会在货物出口之前让可可豆在烈日下晒干，然后进行烘焙，以制造最终的巧克力风味。这些经过烘焙的可可豆有一半重量来自一种叫可可脂的脂肪。这种脂肪有一项特殊的性质——入口即化（它在其他地方也会融化，这亦是它可用于栓剂的原因）。当可可豆里的可可脂被提取出去后，剩下的干粉便是可可粉。接着把来自不同国家的多种可可脂和可可粉，还有糖和固体牛奶充分混合，就制成了巧克力。好的巧克力能够轻松掰断而不是扯断，但是由于大部分英国巧克力往往含有更多牛奶，如果不加入其他植物油就会相当软。这一做法奏效了，因为这些植物油比可可脂熔点高，也正因此，它们更加便宜。

可可的起源表明了关于驯化的另一个重要方面，我们将在第六章中继续了解。这里介绍的则是机缘巧合的运气。产生崔尼塔利奥品种的杂交事件背后，并没有特意的规划。它们复杂的血统纯粹是殖民历史中令人欣喜而具里程碑意义的偶然事件和剽窃行为的共同产物。

腰果

许多人都有在乡村采摘野生悬钩子、空心莓或者草莓解馋的经历，尽管他们并非是寻求"免费食物"的狂热分子。有半数以上的人现在居住于城镇或都市，而大多数人敢从野外采摘来吃的野生果实只有寥寥几种。小孩子永远在被告诫采食野果的危险性。那些被视为安全的野生果实，往往是浆果或者坚果。从这些植物身上，我们很容易

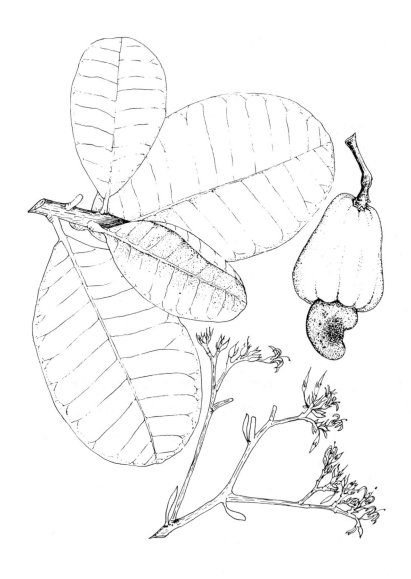

图 2.2　美味的腰果仁被充满剧毒油脂的果壳保护着。

餐桌植物简史

明白是什么吸引了我们的祖先去栽培它们。还有一些植物则令人好奇人类究竟是怎么想到要去吃那些果实的。其中之一便是腰果，它是毒漆藤、太平洋毒漆和东美毒漆的亲戚。

　　腰果是一种热带乔木，可以长到 15 米高。它原产于巴西，但在欧洲人到来之前，整个南美洲和加勒比地区就已广泛种植了。由于腰果能结出很多坚果，人们便经常栽培它，但实际上它仍保持着原本的野生姿态，没有什么改变。腰果属的学名 *Anacardium* 意思是"形似一颗心"，表示这种植物的果实形状。奇怪的是，这种坚果是从一个亮红色或黄色的腰果托①下面冒出来的。当成熟的果实从树上掉落后，若你用牙齿去咬它，就会立刻发现，包裹着坚果仁的那层厚厚的壳，不仅难吃，还充斥着使你的嘴巴起泡的毒油。在不被这种毒物伤害的前提下从硬壳中取出果仁是一个复杂的过程，你可以把它泡在热水中，让毒油挥发，或者轻度烘烤它。腰果树的产量很低，而且容易遭受 100 多种害虫或者疾病的侵袭。这便导致每棵树只能结出不到 30 个或 40 个坚果。难怪腰果的价格那么高了。

　　我相信，首先吸引人们注意这些树的一定是腰果托，而不是腰果仁。腰果托是热带以外地区闻所未闻的一种美味，它其实是一根支撑坚果生长的膨大的果柄，和坚果一起构成假果。腰果托的形状和大小都好像一个梨，可吃起来则像一块被涩糖溶液浸泡过的海绵。难怪世界上大约有 95% 的腰果托被遗弃在果园中烂掉。但那些爱吃水果的蝙蝠（指狐蝠）可能不同意这种说法，因为它们是腰果种子的主要传

---

① 原文为 cashew apple，直译为腰果苹果，但这个译名太容易引起误解。cashew apple 其实是一根变态膨大的果柄，又叫果托，所以这里译作腰果托。

播者，它们热爱腰果托！① 在巴西，人们用腰果托制作一种无酒精饮料。加勒比地区和西非部分地方的居民则用它发酵，酿成腰果酒。到了印度的果阿（Goa），腰果托有了更好的出路——被加工成腰果托白兰地。许多人认为腰果托白兰地的味道和真正的白兰地一样棒，反正它肯定比从腰果壳中提取的液体好喝，因为后者已被商业化运用于刹车片！

腰果的性生活相当有趣。一棵树起初只开雄花，到花期晚些时候才开两性花或偶尔出现一些雌花。如果雄花想避免繁殖失败，就需要不同的树之间开花阶段有所重叠才行。

开心果 ②

同为坚果的开心果，与腰果的亲缘关系相近，繁殖时也遇到了相似的问题。开心果树和腰果树差不多高，但它是旧大陆植物而非新世界成员 ③。与腰果不同，开心果是完全雌雄异株的植物。它们的性生活因此显得异乎寻常，尽管单棵树可能有 700 岁高龄，但繁殖技巧却经常和新手一般。简单地说，问题在于雌雄树的性行为难以同步发生。种植最广的雄株品种叫'彼得斯'（'Peters'），它有一个讨厌的习惯，就是开花太快，无法满足雌株品种'科尔曼'（'Kerman'）的性欲。其他的开心果雄株有比彼得斯更严重的性无能烦恼，它们每年只有几天具备性活力。彼得斯开花一般能持续三周，足以在多数年

① 腰果托的功能是吸引动物来摘食整个果实，包括不可嚼吞的坚果部分，动物吐掉坚果就等于帮腰果播种了。

② 开心果是阿月浑子果实的商品名。

③ 新世界指美洲和大洋洲，旧大陆指亚欧非大陆。

份里通过风媒传粉与雌株进行两天高效的颠鸾倒凤。不幸的是，开心果雌雄树的花期总是不能同步，导致雌株无法结出果实，这在美国尤其明显。即便两性交配成功，开心果也只能每隔一年才会丰产。目前尚不清楚产量"大小年"的原因。

人类从古代就开始种植和消费开心果了。它曾出现在《旧约》约瑟的故事中。示巴女王（Queen of Sheba）特别喜爱这种坚果，据说在几个亲信的帮助下，她吃掉了亚述帝国（Assyria）的所有开心果。至今这种坚果在中东地区依旧保持超高人气，并成为婚宴的必需品。尽管历史悠久，但和野外的开心果相比，栽培个体似乎没有什么变化，这或许无助于解决它的生育问题。

令人纳闷的是，这种作物有如此悠久的栽培历史，但雌雄树花期难以同步的问题却一直没被解决。一个解释是，这可能与雌性的不忠行为有关。在开心果的故乡中东地区，当栽培的雄株传粉失败时，离果园最近的野生近缘种就会传粉给栽培的雌株。生产坚果（传宗接代）得到了保证，也就没有理由去筛选花期延迟的雄树或提前开花的雌树。由于逃税诡计和从霍梅尼时代的伊朗进口开心果的禁令，开心果栽培种在美国南部流行起来，但美国的雌树无法在性饥渴期间向野生近缘种寻求安慰。失去了花粉来源的"备胎"，开心果雌雄株的花期错位就必然导致所有栽培种颗粒无收。霍梅尼（Khomeini）当然对美国"彼得斯"的性无能感到幸灾乐祸。

甘蓝

人类是多么足智多谋而又心灵手巧，好像总能挖掘出每一种植物的利用价值，并加以栽培。许多作物的不同品种各有与之高度匹配的特定用途。代表这番现象的一个简单例子便是苹果，它拥有适于烹饪、制作甜点和酿造果酒等不同用途的多个品种。更极端的例子包括：大麻的纤维型和高树脂型品种，用于榨油的亚麻籽和用于获取纤维的亚麻植株。但要说对这门精湛技艺掌握得炉火纯青的植物，毫无疑问，当属平凡的野甘蓝。仅这一个种，就有春生、夏生和秋生品种，有红色、绿色、白色，有皱叶和圆球之分。这只是个开头，因为芥蓝、羽衣甘蓝、球茎甘蓝、花茎甘蓝、西蓝花、抱子甘蓝和花椰菜等也全为同一个物种，别说还有一堆来历不明的观赏性羽衣甘蓝、棕榈甘蓝和可用于制作手杖的高茎甘蓝。更令人惊讶的是，这份庞大的形态明显不同的蔬菜名单中，多数品种不是一次就被创造出来的，而是进行了两次。这个现象看上去似乎比较容易发生，因为在野外，我们仍能发现与这些栽培品种相像的植物。

没有人能确定野生的甘蓝是否真的原产自英国。非人工栽培的甘蓝多生长在海岸线上，但其中多数种类的祖先恐怕是菜园里的植物，而非古老的英国原住民。沿岸生长的甘蓝各式各样，有些长得像西蓝花，另一些则貌似羽衣甘蓝。不管来源如何，在英国野生的甘蓝都是让人印象深刻的植物。有些植物学家声称自己能通过数每年叶痕的轮数来判断甘蓝植株的年龄。据报道，有些甘蓝个体的年龄可长达30岁。相反，在地中海周围，一些可以算作同一物种的植物却活不过干旱炎热的夏天。它们已经习惯了在温暖湿润的冬季快速生长，在死亡之前仅开一次花。从多年生的北方型到一年生的地中海短命型，这样的生活型转变也发生在许多常见的其他物种身上，如雏菊。后面我们将看到许多类似的作物案例，如辣椒和荷包豆，如同多年生的甘蓝一样，尽管它们能活很多年，但我们只把它们当作一年生作物来栽植。

关于栽培甘蓝的最早记录见于公元前 600 年的古希腊和古罗马时期，尽管实际开始栽培的时间可能比这早得多。这些古典的甘蓝类一定是从该地区的短命一年生芸薹属植物中衍生出来的。至公元 1 世纪，已有许多类似于多叶羽衣甘蓝、结球甘蓝、球茎甘蓝和有点像花椰菜和西蓝花的品种记录。罗马帝国衰落之后，随着欧洲步入中世纪的黑暗时期，这些早期的蔬菜便变得默默无闻了。

现代甘蓝出现在中世纪的德国。植物系统发育学家追本溯源，发现其祖先是多年生的北方类群。它们一直作为酸泡菜出现，因此无法声称具有古罗马贵族甘蓝的血统。正如名称暗示的那样，球茎甘蓝现在的化身是德国人的另一项发明 ①，可追溯至 15 世纪。花椰菜和它的祖先西蓝花被认为曾在地中海一带接受过重新改造，塞浦路斯岛（Cyprus）常被誉为它们的伊甸园。由于花椰菜类是生长快速的一年生植物，这个观点便得到了支持。不过，多年生的西蓝花也很受欢迎。

与甘蓝的其他展现形式相比，抱子甘蓝真是一项新奇的"发明"。关于它的第一次记录出现在 1750 年的比利时，临近布鲁塞尔（Brussels）或者其他什么地方。从那里传播到法国和英国，它大概花了 50 年时间。看起来，罗马皇帝完全不知道这个长相特殊的品种，所以比利时人把抱子甘蓝（*Brassica oleracea* var. *gemmifera*）这项发明完全归功于自己。

最近基因分析结果表明，一些作物，如水稻、大豆、豌豆和葫芦都

---

① 球茎甘蓝的英文名称 kohlrabi 源自德语，所以说名称暗示了这个品种和德国有关。

是在多个时期分别得到过多次驯化。但是，甘蓝的形态多样性富有传奇色彩，且保持了一点特殊性，因为它们在变成褶皱模样之前，好像恢复到了野生状态。这让我们对驯化的理解变得模糊，即使有时候杂交事件能快速推动驯化工作，人们也经常认为那是一系列缓慢的基因变化。

"饥荒作物"

有些生物学家倾尽整个职业生涯去定义"什么是杂草"；它们是仅仅长错了地方，还是具有特殊的性状，使它们看起来难以确定？这一争论同样适用于"什么是作物"这个相当模糊的问题，例如有些物种会在栽培名单上进进出出，这取决于人们当时对食物的渴求程度。这些处于边缘的作物有时被称为"饥荒作物"（famine crops）。在战争、瘟疫和天灾时期，人们几乎尝试以任何东西果腹来求得生存。面临极端困难之际，"什么是杂草"和"什么是作物"会变得比以往任何时候更加模糊。维基百科罗列出了有趣的饥荒食物之完整名单，包括猫、老鼠、罐头肉，甚至大象。不过可以想象的是，如果吃了大象，那你很长时间内都不会饿了。

在无比绝望的时候，人类会尝试食用观赏植物，以及心爱的宠物。于是，我们的祖先曾经无奈地大口吃下郁金香、水仙等观赏花卉的鳞茎。花园里许多外来植物都可能有毒，并且只会给那些不幸吃掉它们的人增添麻烦。另一类不太极端的替代品，是通常被认为只适合供动物享用的饲料作物。例如，在德国，蔓菁甘蓝是一种很受鄙视的作物，人们认为它只适合给家畜吃。然而，两次世界大战期间，由于食物急剧短缺，当地人被迫靠吃蔓菁甘蓝存活。与此同时，苏格兰人则把蔓菁甘蓝称之为"萝卜"（the neep），他们会将其与煮熟的马铃薯分别捣烂，作为国菜"哈吉斯"（haggis）①的组成部分。这道佳肴的确精致，但绝不是应对饥荒的口粮。

作为一支坚强的民族，苏格兰人有自己更为极品的救灾作物。在外赫布里底群岛（Outer Hebrides），当极端暴雨天气阻断来自大陆的物资供应，导致粮食短缺时，岛上居民便靠吃蕨麻的根生存。这种攀缘植物的花看起来像毛茛属，但它其实是蔷薇科成员。人们从沙丘或荒地里挖出它那坚硬而富含淀粉的根，再剥去相互缠结的纤维质侧根，煮熟后仅剩一丁点儿。所以，你真得用绝望的心情来看待这样的事。话虽如此，也有记录表明，把蕨麻的根干燥磨成粉后，可用来制作薄煎饼。居住在北美平原的原住民也采收这种植物，但可能只发生在羊群向南迁移的那段时期内。

有一个避免饥饿的更流行的做法是，往一般食物中掺入别的东西，例如往面粉中加进麸子、木屑和磨碎的树皮。既然这些添加物的营养价值微乎其微，人们就可以扩大"作物"的定义范畴，认为"橡树也是一种作物，木屑则是一种蔬菜"。不过，用橡子磨粉代替咖啡或和咖啡掺杂在一起的做法就另当别论了。退一步讲，从特大饥荒的情况看，我们会发现在一些休闲食品限制供应的时期，许多边缘作物已被当成替代品。不仅橡子经过烘烤可以变作咖啡豆的替代品，原拉拉藤的种子也可以，而且后者其实是咖啡豆真正的近缘种。因此，下次原拉拉藤的种子赖上你的袜子时，不妨试着剥去它魔术贴一般的种皮，你将发现里面的一对种子尽管很小，但和咖啡豆十分相似。通过

---

① 苏格兰国菜"哈吉斯"也被称作"肉馅羊肚"，蔓菁甘蓝和马铃薯是这道菜的配料。

焙烧蒲公英的根也能得到一种更常见的咖啡替代品。然而，战争时期，波兰却把默默无闻的蒲公英当成另一种截然不同的作物的替代品进行栽培。他们从蒲公英的根部提取白乳胶，用以制作橡胶。虽然蒲公英能生产高品质的"咖啡"，但却没有相应的栽培品种，倒是有高乳胶产量的品种，其生产的橡胶质量和真正的橡胶树制造的橡胶一样好。

被抛弃的作物

食用栽培的野生植物，和直接从野外搜寻（植物类）食物来吃，这两者之间的界限很不明晰。有许多种类以前被普遍栽培和食用，后来由于某些原因不再得到赏识，而偷偷地躲在人们从前居住的地方周围，犹如跌入冷宫。实际上，园丁经常抱怨为什么杂草总是长得比他们悉心照料的作物更茂盛。是为了报复人们把杂草弃于花园篱笆之外吗？这一解释似乎不太可能。然而，许多昔日的作物确实有变成恶性杂草的倾向，或许这是它们堕落的一个原因吧。

当我们看着这张"前任作物"物种名单时，一个关于"我们为什么要抛弃它们"的简单又明显的理由浮出了水面：我们找到了更好的替代品。替代"前任"的现任作物通常更可口或易消化。经过改良的品种具有更少的用以防御食植动物的刺激性气味或者坚韧的纤维。羊角芹和马芹就是这种情况的两个代表性物种。它俩都由古罗马人引种至英国，其所在的植物家族（伞形科）中很多成员都被广泛食用，包括胡萝卜、欧防风、芹菜、毒参。羊角芹和马芹可能是最早被驯化的植物，因为一年之中，它俩早早就开始生长了，在人们获取其他植物之前可充当春天的蔬菜。遗憾的是，羊角芹简直是菠菜的伪劣

图 2.3　古罗马人把马芹引入英国，将其当作一种旱季作物。但由于气味太冲，
　　　　它后来被气味较温和的芹菜取代了，并渐渐消失在农田里。

版本，马芹则像一种辛辣的芹菜。过去，这些植物被迫生活在黑暗的温室中，这不仅使它们更早地走上人们的餐桌，也降低了它们的化学毒物含量，进而变得更适口。当人们容易收获菠菜和旱芹时，这一切就显得太麻烦且没有必要了。目前，这种温室栽培技术已基本消亡。最后一处残存的"遗迹"应该是在约克郡"大黄三角地"（Rhubarb Triangle）的温室或者花园中底朝天的桶里。①

人们不只抛弃次要的作物。历史上，一些被我们扔出菜园的作物早先好像都对我们的饮食做出过显著的贡献。藜，和菠菜同科的一种植物，如今"下岗"了，但以前却被普遍食用。对食物遗迹的考古学分析表明，在铁器时代、古罗马时代和维京时代②，藜的种子一般和谷粒混合使用。藜的种子的蛋白质含量比谷物及其近缘种藜麦的都高。然而，藜没有被菠菜完全取代。尽管欧洲和美洲都视其为一种杂草，但在亚洲和非洲，它仍作为蔬菜或动物饲料而被栽培。

和多年来惨遭遗弃的老式作物一样，当人们找到更优越的替代品时，就会抛弃一些其他作物。因此，以前用来给粗纺毛织物起绒的川

---

① 约克郡"大黄三角地"促生黑屋（the forcing houses of the Yorkshire rhubarb triangle）是 19 世纪早期从英国发展起来的一种高效生产优质大黄的特殊温室和栽培方式。简单地说，就是先将大黄种在室外田地，让它们生长两年，使其体内积累足够的有机物；经过霜冻后，再把大黄移栽进温暖的完全漆黑的棚屋，使有机物转变成葡萄糖，从而产生酸甜味。这样生产出来的大黄茎长而嫩红，更具经济价值。2010 年，"约克郡促生大黄"（Yorkshire Forced Rhubarb）获得了欧盟法律的认可和保护，从而作为一个品牌得到了资助推广。此处"花园中底朝天的桶"是指人们为模拟促生黑屋的功能而在自家花园放的简易装置。

② 原文为 Viking Europe，是指从公元 8 世纪末到 11 世纪末，北欧古代诺尔斯人从故土出发，入侵欧洲广大地区进行掠夺和贸易，并向西开发冰岛、格陵兰岛和文兰（北美洲沿海地区）的历史时期。这段时期，古北欧的军事、商业、人口扩张构成了斯堪的纳维亚、爱沙尼亚、不列颠群岛、西西里等欧洲地区的中世纪历史早期的一个重要成分。

续断类如今已被金属钩片取代了。从逸生种群比真正野生种群的头状果序的苞片喙尖更加坚硬且弯曲可以看出，川续断类以前被驯化过。类似但鲜为人知的是，异株荨麻也是从栽培环境里逃逸的作物。虽然荨麻类煮沸后可被食用，甚至一些疯狂的爱好者会生吃它们，但荨麻类曾被广泛栽培是由于它们能生产纤维。所以，经过驯化的异株荨麻种群丢失了自己昔日的风采，变得无刺，纤维也更长，进而能够生产高质量的亚麻类织物。现在，荨麻类服装仅仅作为新奇事物而存在，尽管它们曾经可能，或者至少和现在的亚麻衣物一样普遍。

我们的祖先筛选出无刺荨麻的能力——把一个野生种培育成合格作物的本领，真是人类驯化作物时屡屡面临挑战的一个完美例证。这些作物的"毛病"肯定使它们变得比其他作物更具吸引力和驯化价值。这也正是我们在下一章中将要思考的问题：人类是怎样学会处理野生植物自带的一些古怪习性的？

第三章　学会与外来性行为相处

　　为什么有那么多种开花植物？对这一问题的解答仍然存在激烈的争论。自达尔文时代以来，一个主流理论认为，因为植物会和帮助自己传粉的特定昆虫协同进化，所以一些个体会渐渐特化，并与其他个体之间产生遗传隔离，进而形成新的物种。昆虫传粉促使植物种群内出现遗传分化，犹如生长在加拉帕戈斯群岛（Galápagos Islands）的不同岛屿上。在本章，我们将发现，植物稀奇古怪的传粉策略曾给驯化它们的工作制造了不少麻烦。因为与之相匹配的昆虫传粉者分布不够广、数量不够多，我们便不能在远离这些植物家乡的地方栽培，或者大规模栽培它们了。

　　植物经常做不可思议的事情，但我们却司空见惯，不以为意。一些树能活数千年，我们完全有机会从 2000 多年前耶稣采摘油橄榄的那棵树上再次收获果实。类似的事情也可能真实地发生在进行营养繁殖的植物身上。借助块茎再生的作物，虽然不像一棵树那般魁梧壮

餐桌植物简史

丽，但从理论上讲，它们也能生存数百年。不过即使你遇见这样的马铃薯，你也意识不到它年事已高。在漫长的演化岁月里，一些植物通过加倍、杂交或单条染色体的复制来显著增加自身的染色体数目，其他植物则将自身拥有的遗传物质总量减少到最低限度。对于人类而言，仅增加一条染色体就会对健康、寿命、生育力和智力造成严重的不良影响。而植物不单可以应付这些遗传变异，还能在此基础上繁衍下去。单条染色体的差异便可以使植物在稍微干旱或海拔、纬度稍高的地方茁壮成长了。当一种植物成为合适的驯化对象时，所有这些特性都能成为优点或者缺点。

然而，植物做过的最非同凡响的事或许和它们包容反常行为的高度开明的态度有关。通常，植物都有防止自花传粉的机制。这些机制有时体现为花的特定形态，或者更普遍地表现为抑制自交的花粉萌发或生长的生理过程。这对希望得到杂交品种的育种者来说十分有用。不过栽培过程中，如果把植物种在与世隔绝的地方，或者和遗传物质相近的个体种在一起，这种植物就会由于无法自花传粉而经常出现种子和果实产量下降的情况，正如我们看到的开心果案例。因此，驯化作物时，我们一般倾向于选择有乱伦癖好甚至极端自交的物种，它们能让自己成功受精，进而提高农业产量。幸好教会对植物的性伦理毫无兴趣。通常提升自花传粉的能力相对容易，因为大多数防止自花传粉的机制都不是100%成功的，而且种内杂交的个体能被快速识别出来。

自达尔文时代以来，人们一直认为，植物奇特的有性生殖方式有助于解释开花植物为何拥有那么高的多样性。论证如下：大多数物种通常需要地理因素产生遗传隔离，才会演化成两个新物种，比如分别生活在不同的岛屿上。这类情况下，两个群体不仅接触的环境不同，还因为无法进行种内杂交而快速适应了新的环境。哪怕岛屿之间只存在有限的种内杂交，两个地方的群体也会保持相似，从而不能演化成两个物种。为了形成新物种，开花植物找到了一个能大致满足地理隔离条件的方法。绝大多数花依靠昆虫传粉。花朵争奇斗艳，吸引昆虫的注意。同时，许多昆虫依靠花粉或花蜜为生，它们相互之间也存在竞争。渐渐地，花便摸索出了一套策略——用稳定的食物回报特定的昆虫种类，以维系它们的"忠心"。达尔文曾意识到，只有具备极长口器的昆虫，才有本事访问那些把花蜜酬劳藏在长管基部的花朵。如此特化的结果就是，高度适应某种传粉策略的花所制造的花粉，只能由和自己协同进化的传粉昆虫运送到同一种植物的相似花朵上。这样的花与其他种类的花进行种间异花传粉的可能性极小，就像被隔离到了不同的岛上。因此，凭借昆虫传粉者的忠心，花实现了隔离，能像那些被隔离在偏远岛屿上的物种一样快速演化。同时，忠心的昆虫也演化成适应并效力于某种特定花形的新种。科学家认为，这样的机制可以解释白垩纪时期开花植物和昆虫双双发生爆炸式辐射演化的现象，以及这两大生命类群所囊括的物种数量为什么比其他一切类群的物种数量总和还要多。

不过，最近这套理论遭到了质疑。因为许多花具有相当简单的结构，而且比较"博爱"，可以接受多种昆虫的传粉。同样地，许多传粉昆虫也是"花花公子"，总是访问不同种类的花并给它们传粉。即便如此，许多植物家族（科）仍以高度特化的花为识别特征，这些科往往包含很多物种，表现出高水平的多样性。花部特化的程度也许能够促进物种的快速形成，但在驯化过程中就可能成为一块绊脚石了。

香草

拥有两万多种植物的兰科是最大的开花植物家族。大约 1/5 的开花植物都属于兰科。它们几乎遍布世界各地，四海为家，但总让人觉得珍贵稀少，洋溢着异国情调。温带地区的多数兰花均为地生的多年生草本，但绝大部分兰花生长在热带树木的顶层，有些呈攀缘状，其他缺少叶绿素的种类如真菌般从腐殖质中汲取营养为生。科学家认为，兰科种类的高度多样性是其花结构复杂化的直接结果。关于这种复杂性，达尔文已在他的《兰科植物的受精》（*On the Various Contrivances by Which British and Foreign Orchids are Fertilised by Insects*）一书中讲述了很多。由于如此多样的兰花是依赖与其高度协同进化的、可能同样稀少的昆虫实现传粉，兰花被开发成作物的可能性就受到了限制。如果把兰科植物从原产地移出，并和它们特定的昆虫传粉者分开，就很难保证兰花还能成功地传粉与结实。因此，即使兰花家族有两万多种植物可供开发为作物，但只有寥寥几种被驯化过。人们通常认为，香荚兰属是唯一一个具有直接经济价值的兰花类群。当然，这么说忽略了观赏兰花在园艺行业的重要地位，可它们并不是因为果实而值钱。实际上，它们当中有许多种患有杂交不育的毛病。

如今，香荚兰属只有 3 种植物被栽培利用，其商品名叫"香草"。生长在法属波利尼西亚（French Polynesia）和夏威夷的塔希提香荚兰几乎全被用于香水行业。晦涩香荚兰具有樱桃般的芳香气味，其香气的活性成分胡椒醛已被用于肥皂、香水和香烟的制作。人们偶尔会拿它和香荚兰本种混合使用。

真正的香荚兰原产于中美洲，墨西哥的阿兹特克人曾用它给可可调味。1520年，蒙特苏马（Montezuma Ⅱ）①送给西班牙征服者科尔特斯这种具有香草风味的巧克力饮品。这是欧洲人第一次尝到香草的滋味。接下来的10年内，香荚兰的干豆荚便不断被出口至西班牙。香荚兰是一种攀缘藤本植物，可以长到15米高。它的花引人注目，呈淡黄色，直径大约为10厘米。花的结构特殊，雄蕊和雌蕊分开，可以防止自花传粉。在老家中美洲，香荚兰借助蜜蜂和蜂鸟传粉。随后发育成的果实俗称"香草荚"，和所有兰科植物的种子一样，香草荚里的种子细如尘埃，直径不到半毫米。但这些香草荚正是香草的来源。

目前，全球大多数香荚兰分布在马达加斯加（Madagascar）、毛里求斯（Mauritius）、留尼汪（Réunion）和汤加（Tonga）等热带岛屿上。然而，它最初来到这些遥远的海岛生活时无法生产种子，完全通过扦插进行繁殖。原因很简单：远离故乡后，香荚兰无法吸引新居住地的任何鸟类和蜜蜂。由于缺乏动物传粉者的关注，香荚兰在留尼汪岛上默默忍受了近50年的无性生活。直到1841年，一个12岁的奴隶埃德蒙·阿尔比乌斯（Edmond Albius）通过手工途径设法缓解了香荚兰的性压抑问题。他用竹篾代替蜂鸟，发明了一种给香荚兰人工授

① 蒙特苏马二世（约1475—1520）是古代墨西哥阿兹特克帝国的首都特诺奇提特兰（今墨西哥城）的第九任统治者。中美洲原住民文明与欧洲文明的第一次接触就发生在他的统治期间，他曾一度称霸中美洲，最后在西班牙人征服阿兹特克帝国的最初阶段惨死于同胞之手。1521年，成功逃生的西班牙入侵者科尔特斯率兵反攻墨西哥城，致使阿兹特克帝国灭亡。

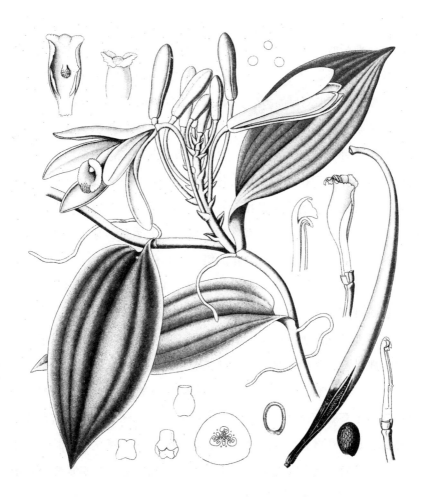

图 3.1　由于兰科植物的繁殖方式太独特，
香荚兰成为该科唯一作为食物被栽培的物种。

粉的有效方式。现今世界上大多数香荚兰都得益于这种培育方式。这显然是劳动密集型作业且代价高昂，但在商业上依然可行，纯粹是因为香荚兰具有同样高昂的经济价值。其他花朵复杂而特殊的潜在作物，结出的果实若不能卖出高昂的价格，为其人工授粉就是不可能的。

授粉后大约 8 个月，就可以准备收割和加工香草荚了。干燥是个复杂的过程，每天要在太阳底下摊开香草荚晾晒若干小时，接着用毛毯包裹并储存于密闭容器中，使香草荚"发汗"过夜。经过两周时间，种荚变成了黑色，于是再在太阳底下暴晒 2 个月。最后，种荚将散发出浓郁的香气。整个干燥过程大概需要 6 个月。这也是香草如此昂贵的原因，它是仅次于藏红花的第二昂贵的香料。

这样精细的加工过程，结果是取得了香草醛含量不到 3% 的干种子。香草醛是一种相对简单的化学物质，分子式为 $C_8H_8O_3$，乃香草气味的主要来源。1874 年，科学家利用松树的汁液首次合成了香草醛。从那时起，香草醛就一直由造纸业中一种名为木质素的废料生产出来。5 克人造香草和 1 升天然香草萃取物有着几乎同等强度的香味，但前者成本只有后者的 1%。不过如此一来，当你把蛋奶液倒在大黄上时 [1]，还能想起生长在热带岛屿上的美丽兰花吗？

兰的英文名 orchid 源于希腊语"睾丸"，因为许多温带兰的成对块茎好像男性的生殖器。其中一个块茎是上一年长的，年老而枯萎；另一个是当年生的，新鲜又饱满。因此，兰花的块茎长期和性迷信联系在一起，也就不足为怪了。据说女巫会用新鲜的块茎制作"真爱药水"，而用枯萎的块茎点燃肉体的欲望。本草学者卡尔佩珀

---

[1]　此处描写的是西式甜点大黄奶油派的做法，制作时需要在蛋奶液中加入香草精。

（Culpeper）写道，兰科植物的根 ① 可以"激发性欲，壮阳助孕"。这恐怕是植物遭受迫害的最奇怪的原因之一了。

　　虽然香荚兰属是今天唯一一类被用于日常消费的兰科植物，但并非一直如此。咖啡馆兴起以后，伦敦大街上到处是萨罗普郡人的商店，他们提供一款"粉糊"——取各种兰花之块茎制成的营养丰富的兰茎淀粉汤（salep）。据说当年这是烟囱清洁工的理想早餐，用三个半便士就能在舰队街（Fleet Street）买到一盆。本草学者还比较了用不同的本地兰花做的兰茎淀粉。一想到现在这类珍稀植物竟然曾经沦落到被用来做一碗廉价的汤，我就很纳闷。更让人纳闷的是，至今土耳其仍然很流行"兰茎淀粉糊"。

鸟和豆子

　　在蜂鸟的自然分布范围外，试图驯化一种由这类迷你动物负责传粉的植物显然是自找麻烦。然而，香荚兰不是唯一的原本借助蜂鸟进行传粉的作物。在全球大部分地区，真正红色（不带粉色或紫色的渐变）的花总是罕见。因为昆虫看得见光谱的紫外端，却几乎不能识别在人类看来是红色的光波。相反，鸟类更容易被红光吸引。所以毫不奇怪，许多由鸟类传播的浆果会从隐蔽的绿色变成鲜亮的红色，以此发布自身已成熟的信号。类似地，许多适应于鸟类传粉的花呈现鲜红色。它们往往比依靠昆虫传粉的花更强壮，产生的花蜜也相当多。

　　中美洲和南美洲的百姓驯化了 4 种亲缘关系较近的豆科植物：荷

---

① 　实际上是（假）鳞茎。

包豆在凉爽的高地生长；菜豆常见于暖和的温带地区；棉豆生活在亚热带气候区；尖叶菜豆则在半干旱地区分布。在安第斯山脉的高海拔地带，远低于100℃的水却能沸腾。为了解决这个问题，印加人（Incas）培育出无需煮沸、只要快速油炸即可食用的豆子。现在，这4种豆子都被当作一年生植物栽培，可实际上只有尖叶菜豆才是真正的一年生。尖叶菜豆的故乡属于季节性半干旱环境，这促使它演化成无法存活多年的一年生植物。相反，菜豆、荷包豆和棉豆都是多年生的。然而在温带地区种植时，由于它们不耐霜冻，多年生是不太现实的。

上述美洲豆类通过不同路径抵达欧洲。荷包豆在17世纪早期跟随一位叫小约翰·特雷德斯坎特（John Tradescant the younger）的植物采集员来到英国。这位采集员是另一位著名的采集员老约翰·特雷德斯坎特的儿子，紫露草属的学名 *Tradescantia* 便是纪念老约翰的。大概100年的时间里，荷包豆纯粹因为那引人注目的看起来像香豌豆的红色花朵而被当作观赏花卉栽培，直到切尔西药材园的菲利普·米勒（Phillip Miller）发现，荷包豆的荚果味道还挺不错的。

荷包豆靓丽的猩红色花朵不仅吸引园艺工作者的目光，在其起源地南美洲，它也得到了蜂鸟的青睐。这一事实从一定程度上解释了以下现象：为什么欧洲花园种植的多数荷包豆都无法长出豆荚，而突变的白花变种却能够吸引其他传粉者，从而生产更多的果实。很多园丁无视这个事实，反倒把豆荚产量的失败归因于供水不稳定。另外3种栽培的美洲豆类都可以自花传粉，而不必依靠鸟类或者蜜蜂传粉。蚕豆的花自带一个复杂的陷阱，来访的蜜蜂触发它后，会如淋雨般被洒一身花粉。不过一些现代蚕豆品种在缺乏传粉昆虫的情况下也能结出豆荚。仔细观察蚕豆的花，你将发现，熊蜂并不花费功夫去对付传粉机关，而是常常在花的基部咬开一个洞，窃取里边的美味。

无花果

有一种作物的花比兰科植物的花更加特化，传粉者的特化程度也更高。它的花结构十分复杂，导致人工授粉无法实行，因此人类不得不采取另一套措施，来保证在缺乏昆虫传粉的情况下，该作物也能结果。这种作物就是无花果。与香荚兰一样，它也有很多近亲。它所属的榕属（*Ficus*）包括大约850种植物，绝大部分是热带树木；榕属成员的果实都可食用，但只有一种是真正受到驯化的。

无花果和人类的联系，同伊甸园一样古老。在伊甸园中，亚当和夏娃首次用无花果之叶来遮掩自己的身体。考古学记录显示，自新石器时代以来，无花果就被当作食物而不是衣服。

无花果被认为首先在西亚得到栽培，然后迅速蔓延至地中海地区，在那里，它变成了古希腊人的一道主食。斯巴达的运动员几乎只吃无花果，因为他们相信无花果能增强自己的力量和速度——今天，他们迷信无花果的后果有了一个"学术称呼"，叫"拉肚子"（have the runs）！希腊人无比珍视他们的无花果，甚至通过了一项法案以禁止出口这种最美味的水果。"溜须拍马"一词曾和这项法案挂上钩，因为该词最初是用来形容那些向政府告密无花果走私的可恶的人。溜须拍马的英文 sycophant 的字面意思即"大量无花果"。古罗马人也很重视无花果，视其为圣物，因为传说罗穆卢斯（Romulus）和他的孪生兄弟瑞摩斯（Remus）[①]是在一棵无花果树下被一匹狼喂奶养大的。

　　这么多年来，无花果树叶不仅遮掩了亚当、夏娃及许多古典雕像的隐私部位，也成功隐藏了它自己的繁殖器官。在一切作物中，它的性生活最为离奇，因此我们不难理解无花果为什么想要保护自己的生活隐私。直到 20 世纪，它那神秘的性生活才终于曝光。无花果能够实现这一目标，要多亏它自身的独特结构。

　　无花果的花很小，单性，有雄花、雌花或瘿花（不育雌花）之分。无数朵小花聚在一起，如同无数朵小花组成蒲公英的头状花序。然而，无花果的小花全部藏身于一个梨形结构的内侧，该结构的底部开了小孔，可与外部世界连通。所有榕属植物都具备这种被称为"隐头花序"的结构。

　　无花果有两个明显不同的栽培品种，一个是野生型或者叫双性无花果（Caprifig），另一个为食用型或者叫雌性无花果。[②]这两个类型的无花果直到大约 7 岁才开始开花，在那之前我们都无法区分两者。双性无花果树每年开 3 次花，这和居住在隐头花序里的传粉者榕小蜂的生命周期完全同步。每年第一次开花是在早春。春天，隐头花序内只有

---

① 罗穆卢斯和瑞摩斯是罗马城的创建者，他们的父亲是战神玛尔斯。

② 双性无花果有两种性别的隐头花序，一种为雄花序，只含可育的雄花，另一种为雌花序，含有可育的雌花和不可育的瘿花。该品种可结正常的果实，但不好吃，一般不作水果栽培。所以从园艺学功能上讲，双性无花果相当于给其他品种提供花粉的雄株。雌性无花果与双性无花果的区别在于，雌性无花果的隐头花序全为雌性，且仅含可育雌花。该类品种中，有的可以自行结果，有的需要外力授粉才能结果。这个类型的果实品质优良，可供食用。

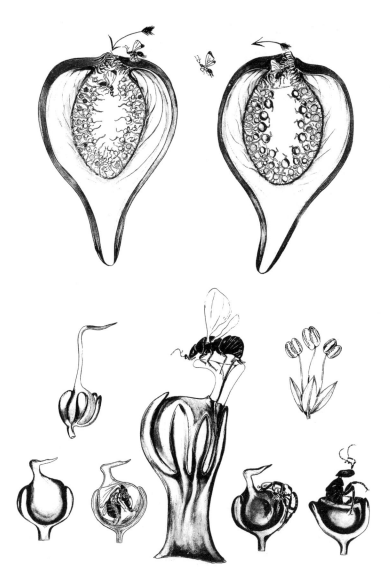

图 3.2　所有植物中，无花果的传粉机制最为古怪，
　　　　但栽培品种通常都能自动结果。

雄花和瘿花，瘿花里有榕小蜂的幼虫，它们在花中发育和化蛹。春末，雄蜂首先出世，它们满脑子只想着一件事——交配！交配！它们亟亟寻找仍躲在蛹中的处女蜂，用嘴咬开蛹壳，和蛹内毫无防备的雌蜂强行发生性关系，完事后死去。这便是雄性榕小蜂简单又短暂的一生。不久，双性无花果的雄花成熟了，刚受精的雌蜂也破蛹出世了。它们从隐头花序上的小孔飞出去，正好沾染了花粉。与几乎失明、无腿无翅的雄性榕小蜂不同，雌蜂长有翅膀。它们再次通过小孔飞进夏季的隐头花序或春季的果序里。这次，它们只寻见两种雌花，可育的和不育的。在不育雌花即瘿花内落脚后，每只雌性榕小蜂生产大约 250 个独立的卵，同时把花粉抹到可育雌花之上。从身体构造看，雌蜂不会把产卵器错插进可育雌花，因为可育花相对太长了。下一代榕小蜂将重复之前的过程，发育、化蛹、交配、死亡或者及时飞散开以赶上当年最后一波花期。秋季的隐头花序里只有瘿花，瘿花的功能似乎只是保护榕小蜂越冬。双性无花果这样"舍己为虫"，结出的却是像皮革一样硬、树脂质地、不可食用的果实。所有榕属植物——约 2000 个不同的品种——都过着与上述相似的性生活，而且几乎分别拥有专情于自己的榕小蜂，两者相依为命，互利共生。

无花果的繁殖策略从不简单明了。食用型无花果有 3 个不同的品种。与野生型无花果一年有 3 次收成不同，食用型无花果每年结果 2 次。最原始的品种"士麦那"（Smyrna），两次开花时都需要榕小蜂传粉才能结出可食用的果实。最先进的品种"普通无花果"（the common fig），所有的花序都不需要授粉和榕小蜂的帮助就能自动结果。第三个品种"圣·佩德罗"（San Pedro）则持中庸态度，它在春天开的花无需授粉便能结果，该季的无花果被称作 breba；而在夏天仍需要榕小蜂协助方能结果，该季的无花果占收成的主要份额。

在 20 世纪之前，上述一切复杂性似乎一直困扰着果农。无花果栽培指南提示果农，要在雌性无花果树上悬挂双性无花果的枝条，以便花粉抖落掉进发育中的隐头花序里。指南当中推荐的另一样技术是，手持一根小羽毛，插入隐头花序内进行人工授粉。而现代科学根据每一棵野生型无花果树上可能出现的榕小蜂数量（200 只到 300 万只）进行了周密的运算，并依此为果农提供了建议，即每一颗无花果的长成大约需要 5 只榕小蜂。

啤酒花

理清作物驯化的复杂性，不仅因植物本身具有的古怪习性而变得更困难，还因人类想从作物身上挖掘出许多不同的用途而变得更复杂。我们通常希望作物能够育籽结果。所以，驯化过程一般会包括促进植物繁殖的环节。然而，少数情况下，我们却希望种子最好不要出现，这时农学家的任务就变成阻止植物传粉受精了。香蕉便属于这类情况（后面会讲到它），若你从香蕉里吃到一粒可育的种子，那种感觉就仿佛牙齿被大理石硌到一样。另一个案例是啤酒花的栽植，但仅发生在英国。

根据古老的传说，"啤酒花、改革和啤酒，都在同一年来到英国"，即 1524 年。这种说法其实不准确，因为英国伍斯特郡（Worcester）的亨伯乐滕村（Himbleton）就得名于盎格鲁-撒克逊人对啤酒花庭院的称呼。① 的确，啤酒花被认为是唯一一个原产于英国的大麻科成员。据说和它的异国亲戚相似，啤酒花也有致幻作用。我们之所以无法感受到那份微妙的作用，可能是因为它常常被与啤酒花相联系的酒精的功效淹没了。不过，事实并非一直如此。最初栽培啤酒花很可能正是由于它的药用价值，或者至少因为它能够防止食物因细菌而发生腐败。人们极有可能是把啤酒花当作防腐剂添加进啤酒中的，而不是看中它的独特风味。如同我们将在后续章节中看到的那样，防止细菌和真菌糟蹋食物的本领，正是许多植物得到驯化的原因。

啤酒花可能原产于包括英国在内的欧洲大部分地区，据说它在酿酒业的用途挺古老的。芬兰的民族英雄史诗《卡勒瓦拉》（*The Kalevala*）首次记录了加啤酒花的啤酒，可追溯至距今 3000 年前。直到近代，英国对啤酒花的使用才变成家常便饭。亨利六世曾把种植啤酒花视作违法行为。亨利八世禁止啤酒制造商往麦芽啤酒中添加啤酒花和硫，国会也认为啤酒花"是一种邪恶的杂草，会糟蹋饮料的口感，危害人民"。直到 17 世纪，英国才广泛栽培啤酒花并将其用于酿酒。

啤酒花和大麻都是雌雄异株植物。啤酒花是一种高大藤本，野生啤酒花可以沿着其他植物顺时针缠绕，爬到 6 米高，栽培的种群也能爬上园地里高高的线框。啤酒花和大麻浑身被覆能分泌芳香油的腺体。这种复杂的化学属性吸引人们栽培它们。经过育种者多年的筛选，这两种作物的栽培品种的芳香油产量已远远高于它们的野生祖先。那些分泌油脂的腺体在植物体中并不随机分布，而是集中于花，尤其是雌花。其实，从专业角度讲，英文专有名词 ganja（意思是效

① 伍斯特郡是英国的历史文化名城，啤酒花是当地的传统作物之一。

图 3.3　啤酒花是雌雄异株植物。其种子会干扰酒精发酵，
因此在很多地区，为了避免它生产种子，人们会移除雄株。

果强烈的大麻制品）仅仅指大麻雌株的开花顶端。因此，尽管牙买加修订了法律，扩展了 ganja 的定义，使其涵盖整株大麻，也不过严谨地表明，种植雌株是违法的。而且，由于没法通过测试来判定芳香油源于雄株还是雌株，这便成了一个法律漏洞。

啤酒花的雌花聚生成簇，外围以苞片，植物学家把这整个结构叫作圆锥花序或穗状花序。啤酒花种植者只栽培雌株。众所周知，在德国，种植者会清除掉野外的雄株，以保护他们栽培的雌花序的贞操。因为他们觉得，受精结籽的花比未受精的口感差。此外，人们还普遍认为，啤酒花的种子会妨碍贮藏啤酒的底部发酵过程。英国的麦芽啤酒采用了传统的顶部发酵方式和另一株系的酵母，这种酵母不受漂浮于麦芽汁上的少量啤酒花种子的影响。所以，与欧洲其他地方的啤酒花不同，英国的啤酒花过着无干扰的性生活。

啤酒花作为栽培药草的用途可以追溯到古罗马时代。老普林尼（一位伟大的编年史家）解释，它的拉丁名种加词 *lupulus* 源自天狼星座（Lupus the wolf）之名，因为啤酒花"拥抱"其他植物的姿态犹如狼看见了一只羊。[①]古往今来，该植物被赋予了许多不同的药效，但用于啤酒花枕头的功能是目前唯一保留下来的传统，这和它能治疗失眠有关，尤其是男性的失眠。也有人认为它可以预防早泄，我们不禁怀疑这是它催眠功能的直接后果。相反地，据说啤酒花用在女人身上时能够充当一种春药。很难想出比这更令人沮丧的药效组合了。

---

① 前文提及，啤酒花是多年生攀缘藤本植物。它生命力强劲，经常攀附于其他植物旺盛生长，蔚为壮观。

鳄梨

实际上，野生植物并不都像兰花或无花果那样具有奇特结构的花来使自身的爱情生活变得复杂，并给驯化工作制造难题。平淡无奇的花也可以凭借非常简单的容貌设计出相当复杂的策略。鳄梨便是杰出的范例。

发达国家一直把鳄梨视为一种奢侈品。作为极少数富含脂肪的水果，鳄梨拥有高达 30% 的植物油，通常身价不菲。然而，在中美洲和南美洲的大部分地区，数千年来，鳄梨是当地穷人的主食。它的日常用途，还使它获封了几个称号："穷人的黄油""植物黄油"和"海军黄油"①。

鳄梨是一种长在热带或亚热带的乔木，高达 10 米。它有 3 个截然不同的品种，有时会被看作亚种，分别是墨西哥鳄梨、危地马拉鳄梨和西印度鳄梨（起源于南美洲北部的哥伦比亚）。这些相异的品种很有可能是人们对野生种分别独立栽培而产生的后代。考古学记录表明，人类食用鳄梨已有 9000 年的历史，栽培时间也长达 7000 年。那3 个品种已经适应了其故乡的气候条件。墨西哥鳄梨最耐寒，西印度鳄梨是名副其实的热带植物。在欧洲和北美洲最受欢迎的是墨西哥鳄梨，它比热带品种的果实小，但脂肪含量较高。不过，随着时间的推移，3 个经典品种的互相杂交正使彼此间的界限变得模糊。

除了根据地理分布划分栽培类型外，鳄梨还能根据开花时间分

---

① 18世纪的英国海军学员发现，他们在航海途中食用的一种硬质饼干可以搭配牛油果来吃，以起到软化饼干的效果。后来，牛油果很快以"海军黄油"（Midshipman's butter）之名走向世界。

成两个品种群。这种植物展现出一套独特的开花行为，专业地讲就是"雌蕊先熟，日间同放，雌雄搭档"（protogynous, diurnally synchronous dichogamy）。这句植物学行话是什么意思呢？所有鳄梨树都能开出看起来差不多相同的花，花里长着雌蕊和雄蕊，这一点没有什么奇怪的。奇怪的地方在于，当一棵树开花时，树上的所有花会同时开放，同一天的晚些时候又都合上了。其中大概一半的树（我们称之为A组）在早晨首次开花，而且只有雌蕊成熟。同天下午晚些时候，这些花便闭合了，因为它们可能已经被来访的蜜蜂传过粉了。直到次日早晨，这些花才再次开放。这时，雌蕊已度过它们的黄金期，失去功能了，但雄蕊正精力旺盛，花药开始散布花粉。

不出意料，另一组鳄梨树（我们称之为B组）的行为恰恰相反。它们下午首次开花，这时只有雌蕊成熟。当夜晚降临，大部分花也会闭合。翌日早晨B组花再次开放时，同样奇迹般地从雌花转变成了雄花。精心设计的整个开花过程好像是朝着"增加异花传粉的概率，同时避免自花传粉"的方向演化的。A组花早晨开放，成熟的雌蕊可以接收来自B组的成熟雄蕊的花粉，到了下午，便是B组雌蕊接收A组雄蕊的花粉。多么精彩的计谋！但是起作用了吗？好吧，是有那么点儿效果，单独栽植任意一组鳄梨树肯定不会结太多果实。仅有的少量果实貌似还是由于环境诱变造成的，这些变种能开出一小部分不与同组其他鳄梨同步绽放的花。可仔细想想，即使不与这个"环境作弊"带来的"单组结实成绩"相比较，鳄梨的"多组共生"传粉系统看起来也不太高效。当同时种植A组和B组的鳄梨树时，其实只有不到0.1%的花会结实。然而对乔木类作物来说，这样的结实率并不算特别差，想必这些树在避免犯自交之错方面是特别成功的。

番木瓜

我们已经见识了兰科和榕属的花所采取的复杂奇特的繁殖方式，这是它们与众不同的形态导致的结果。相比之下，花容朴素的鳄梨则通过随着时间有效改变花性别的伎俩，来给性生活增添情趣。想象下，假如一个物种身上集结了一切可能存在的繁殖方式，那它的性生活得有多么怪异。番木瓜就做着这样怪异的事。它不仅有两个广为人知的英文俗称——papaw 和 papaya，而且据说有 31 种不同的性别，因此番木瓜可能过着一种相当复杂的社交生活。

这 31 种性别可简化为雄性、雌性和雌雄同体。一些植株总是保持老一套的雄性、雌性或雌雄同体的状态。然而，实际情况比这复杂得多。一些雌雄同株的个体永远只开两性花，这些两性花既能制造花粉，又能发育为果实；其他雌雄同株的个体可以分别长出雄花和两性花，或者两性花和雌花，还有一些个体甚至能同时长出雄花、雌花和两性花。

当一些雄花和一些两性花发生季节性的性别转变，或者为了应对物理损伤而改变性别时，事情就开始变得真正复杂起来了。一些雄株（只开雄花的植物个体）会在一年里某些时候，或者茎干受到刀具损伤时，制造两性花并结果。当那些倒霉的人发现在他们的后花园里独自生长的番木瓜树是雄性，若任其自生自灭就不可能收获果实的时候，就会常常采取这招毒计。类似地，一般只开两性花的个体，有时也会被诱导完全生产雌花。正常情况下既开雄花又开两性花的雌雄同株个体可能会停止制造雄花，转而生产雌花……糊涂了吗？仅仅想象一下，就能体会到番木瓜的社交生活有多么复杂了！

然后你大概会问，这样的性别变化是怎么调控的呢？答案还要更复杂。实际上，对此存在几种颇具争议性的理论，老实说，我们仍不知道具体细节。不过，这一过程基本上是由性染色体控制的，如同人体中存在 XX 染色体的是女性，男性则具有 XY 染色体。然而，番木瓜的 Y 染色体还有另一种形式——Y2。这时，具有 XY2 的个体为雌雄同株，而任何两个 Y 染色体的组合都会致死。根据这一系统，如果让一个雄性个体和雌雄同株个体杂交，那产生的后代中雄株、雌株和雌雄同株的个体将数目相同。但如果让雌性个体和雌雄同株个体杂交，你就只能得到雌株和雌雄同株了。

除了不可思议的繁殖方式外，番木瓜还有一门惊人的本事。它的植株分泌的乳液含有两种蛋白酶，可以分解蛋白质。在植物世界，这门本事通常只与食虫植物相关，如捕蝇草和猪笼草。番木瓜一定是为了防御吃素的动物才演化出这项技能的。毕竟，你不太可能去吃一种可以消化你而不是被你消化的植物吧。更重要的是，我们不禁想问，这种自己合成蛋白酶却不会分解自己的本事，番木瓜是如何演化出来的？菠萝和猕猴桃也各自演化出了这样的技能。此三类物种所包含的造酶基因几乎完全相同。但是，不同物种的蛋白酶在化学结构方面有着很大的差异。这种差异是通过添加糖分子进行修饰得以实现的。

用一块碎玻璃连续切割尚未成熟的绿色番木瓜果实，可采集到乳液。这样的操作应在大清早进行。整个白天，乳液会从番木瓜滴落到一个椰壳或锅里，接着被太阳晒干。大概 1000 个果实的乳液能生产半公斤干制产品。科学家已经发现，番木瓜的蛋白消化液具有诸多不同的功能。除了作嫩肉剂这一明显的用途外，番木瓜提取液还能用于分解浑浊啤酒中的蛋白质悬浮物，医学上用来溶解讨厌的组织增生，或者在制革之前用以去除兽皮上的毛。许多生产过程广泛利用它去除多余的蛋白质残留物，现代分子遗传学则借助它完成纯化 DNA 提取物的常规操作。在屠宰之前往牛的体内注射番木瓜提取液也许是最残暴的用法。这时候动物仍然活着，肌肉蛋白却已开始分解。不过，我们可以认为这样的肉自带安全警告——切勿吃半熟的肉！否则你也可能被自己的晚餐消化掉。

胡萝卜

番木瓜古怪的变性癖好已为园丁所熟知，不过有些作物对待自己的爱情生活却要低调谨慎许多。事实上，作物会用一些狡猾而精妙的招数来吸引传粉者。卑微简朴的胡萝卜便是这样一头披着羊皮的狼。野胡萝卜是资深老千，它是植物学家熟悉的伞形科的一员。伞形科植物以具有伞形花序著称，已出品了许多栽培植物，如芹菜、欧防风和茴香、欧芹及茴芹等本草类，但也包括不少有毒物种，如毒参和能使人起水疱的巨独活。所谓的伞形花序是由多朵小花聚生成一簇，像一把微型雨伞，再以同样的方式聚合成更大的伞，形成一大簇花序。在英国，野胡萝卜并不罕见，和同科其他花的区别是，这种植物的伞形花序中央的花呈深紫色或粉色，不像其他部位的花为白色。科学家认为这唯一一朵深色的花是在冒充一只甲虫，诱骗昆虫前来访问花簇并帮忙传粉。这是野胡萝卜通过激活花色苷（anthocyanin）[①]基因，使仅位于花序中央的花产生醒目的颜色而成功实现的惊人把戏。不出意料，传统本草医生也注意到了这个奇异现象，并认为这些彩色的花具有特殊的治疗作用。考虑到花色苷具有抗氧化特性，也许这些花对健康确实有益，但可能存在更有效的方法将其纳入我们的食谱。

胡萝卜不仅有诱骗昆虫传粉的经验，它在"二战"期间还扮演了蒙蔽纳粹德国的重要角色。1940 年 11 月 19 日午夜过后的几分钟，约翰·坎宁安（John Cunningham）驾驶英国皇家空军重型战斗机"勇士"（RAF Beaufighter），在苏塞克斯郡的东维特灵（East Wittering）击落了一架"容克斯 88"轰炸机（Junkers 88）。这件事不光让这位年轻的空军上尉成为家喻户晓的"猫眼坎宁安"，而且创造了一句被无数家长拿来教导孩子的不朽名言："亲爱的，把你的胡萝卜吃掉，这能帮助你在黑暗中也看得见。"报纸的编辑们很快跟进报道，说坎宁安那不可思议的夜视能力与他对胡萝卜的喜爱息息相关。如今，事实真相已经人尽皆知。英国皇家空军当年的说法是为了掩盖定位敌机的成功率得到提高的真正原因——他们使用了新引进的雷达技术。尽管得益于十分高效的宣传，但这个故事并不完全缺乏科学依据，诸如《胡萝卜造就的夜袭英雄：卓越飞行十字勋章（DFC）得主》之类的新闻标题也没那么偏离实际。

20 世纪 30 年代以来，人们已经知道，使胡萝卜呈现橙黄色的胡萝卜素会在我们的肠道内膜上转化为维生素 A，而体内缺乏维生素 A 则将导致夜视力下降。受到启发，战争期间农学家们便设法培育出了

---

① 花色苷是植物体中花青素与糖类分子以糖苷键结合形成的一类天然化合物。

富含胡萝卜素的胡萝卜新品种，其胡萝卜素含量是传统品种的两到三倍。从涉及的工作量来看，这项任务像是真的为了帮助飞行员减少夜盲程度而推进，而非为了掩盖引进雷达技术而精心编造的假消息。

无论飞行员晚上啃胡萝卜的故事背后隐藏着怎样的真相，可以肯定的是，这绝非这种不起眼的蔬菜在英国反法西斯战争中扮演的唯一角色。在食用糖供不应求的情况下，人们把含糖量高的胡萝卜切成片，夹进甜派和果馅饼之中；将胡萝卜煮烂，再浓缩制成胡萝卜酱；或者将胡萝卜烘烤至黑色，制成咖啡的替代品。然而，胡萝卜并不总是那么甜或是那么橙黄。最初栽培的胡萝卜似乎是从阿富汗被引种到欧洲的。这些来自东方的胡萝卜呈暗红色至近黑色，是由一类叫花色苷的化合物染成的，花色苷也能给红酒打造与众不同的色泽。与甜菜类似，烹饪过程中紫色的胡萝卜会褪去颜色，把炖菜或靓汤染成令人讨厌的棕紫色。到了 19 世纪中期，无花色苷的黄色和橙色的现代胡萝卜品种才在荷兰诞生，并迅速取代了旧的红色品种，如今后者差不多灭绝了。

风与蜜蜂的传粉贡献

通过媒体的大肆鼓吹，世界上大部分地区的蜜蜂数量神秘下降已成为厄运的前兆。到处流传着可怕的统计数据。联合国宣称，"供应着全球约 90% 营养的前 100 种粮食作物中，有 70% 是靠蜜蜂帮忙传粉的"，每年蜜蜂由此创造大约 1340 亿英镑的经济价值。据传爱因斯坦曾说过："如果地球上的蜜蜂消失了，人类最多能坚持生存 4 年。没有蜜蜂，就没有传粉，也就没有植物，进而没有动物，也就没有人类。"不必惊讶，这句引用是杜撰出来的，因为爱因斯坦的著名公式是 $E = \text{mc}^2$，而不是 $\text{Bee} = \text{mc}^2$！

虽然蜜蜂数量的下降幅度惊人，但新闻报道中出现的许多统计数据都是经过"精挑细选"的，以夸大局势。我在本章中曾提到，由于许多野生植物有复杂的传粉机制，我们会极大程度地倾向于避免驯化这类物种，因为在缺乏与之协同进化的传粉者的情况下，传粉癖好可能会限制植物的结实能力。大多数作物可借助很多广泛分布的昆虫实现传粉，这使得全球各地都能成功栽培它们。除此之外，人类的大部分主要作物——如小麦、玉米和大米——都是靠风力传粉的禾草，其他作物则进行营养繁殖，几乎不借助种子繁殖，如马铃薯和山药。即便原本靠昆虫传粉的作物，如欧洲油菜（开明黄色的花，生产大量花蜜吸引昆虫），当它被大规模工业化栽植时，也会变成靠风力传粉。这一点你可以问问那些花粉过敏的人！

尽管大多数主要农作物是风媒传粉型，但引人关注的是，大部分温带果树却是虫媒传粉型。这十分奇怪，因为这些树的大多数最初是从大型风媒传粉植物——如栎属、榉属、水青冈属之类占优势的落叶林——演变而来。苹果、梨、樱桃、巴旦木、桃等植物的祖先在它们的自然栖息地从来不似风媒传粉型的种类一样繁盛高大。有一个简单的生物学观点可以解释这一事实：如果数量很多，风媒传粉是确保受精的一种有效机制；可是较小且不常见的植物则不适合采取这样一套随机传递花粉的策略，而不得不依赖昆虫进行更为精准的传粉。

这个现象引出了一个疑问：为什么我们的农作物中，仅有寥寥数种起源于风媒传粉的乔木？橡子（即栎属植物的果实）完全可以变成一种美味的坚果，但我们仍然驯化虫媒传粉的巴旦木来代替。人们以前比较过这两种植物，并给出以下解释：作为长寿的树种，栎树和巴旦木均富含化学防御物质以阻止食植动物的迫害。不过，巴旦木果实里的氰化物是由单个基因控制的，橡子的毒素则由多个基因控制。所以，与筛选出可食用的橡子相比，培育无毒的巴旦木更容易一些。但这个解释似乎又站不住脚，因为橡子容易通过煮沸得以解毒，而且历史上很多人曾拿它作为肉和咖啡的替代品食用。其实，关于无毒橡子为什么没得到开发，还有一个格外简单却被忽视的原因：就算我们的祖先曾经足够幸运地找到一棵可食用的无毒栎树，这棵栎树的花也会淹没在周围大量野生的有毒栎树所释放的花粉之中。这也解释了风媒传粉的榛树栽培种结出的坚果，为什么仍然和灌木丛中野生欧榛的坚果非常像。相反，一旦你发现一棵不含氰化物的巴旦木，便很容易建成一个由这些树组成的果园，因为传粉昆虫可以确保这些果树只在彼此之间相互传粉，而不与森林深处的少量野生巴旦木杂交。这同时解释了热带的乔木类作物为什么比温带农业系统中的多得多。热带森林以其极高的多样性闻名于世。在这里，没有一种树能够占据霸主地位。典型的热带森林每公顷只允许容纳每种树的2～3株个体，如此便根本无法实行风媒传粉的方式。这种情况下，野生个体间容易出现遗传隔离。所以，相比数量丰富的风媒传粉的乔木，靠动物传粉的乔木在受驯化的早期几代就能快速和野生祖先分道扬镳。因此，尽管许多乔木类作物由蜜蜂等常见昆虫帮忙传粉，但它们往往不会成为给人类提供赖以生存的营养物质的主要作物。它们通常是让人类生活更加愉悦的果树，是保持我们健康的维生素之重要来源，如苹果和樱桃。而那些作为我们生存的必需品、被塞满了食品柜的植物，通常都演化出了储藏自身养分的器官。驯化这些植物时我们遭遇了另外一系列问题，我们将在下一章讨论。

第四章 储存麻烦

为什么寥寥几种作物就能满足我们人体需要的大部分热量？有个现象很明显，（与植物的多样性相比）人类可食用的植物种类少得可怜。但更令人惊讶的是，我们生存所需的大部分能量仅仅来自其中的一小部分。本章将对此谜题进行探讨，并发现富含能量的植物往往含有毒素；也许令人出乎意料的是，人类最重要的一些作物竟朝着有毒的方向发展。

在现代社会，我们很容易得意忘形，以致忽略了物种面临的最重大挑战。即使该问题的解决方案现在看起来似乎微不足道，但纵观人类的大部分历史，我们却曾经和动植物一样面临挑战。在破除困境的过程中，植物经常为我们提供解决方案，同时又制造一整套新的麻烦丢给我们处理。这份挑战就是，怎样在贫瘠季节也能确保有足够的食物存活下去。有的作物为我们提供生活食粮，有的作物帮助我们保护粮食储备，以免遭到其他饿红了眼的物种抢夺，吃与避免被吃的演化斗争极大地影响了人类选择哪些植物加以驯化。

地球上多数地区的居民大概都会经历环境的季节性变化。面对艰苦的生存条件，你有许多事情可以做。首先，你可以迁居到更舒适的地方。其次，你可以繁殖，然后安息，并寄希望于你的子代能够保持休眠状态，直至美好时光的归来。或者干脆自己暂停生命活动，开启休眠模式。若要实现最后一个选择，无论你是植物还是动物，都应该储备足够的资源以确保自己活着。而任何一种采用第二个或第三个策略的野生植物都很可能成为驯化的目标。一年的生命周期，涉及了大量种子的诞生，并伴随着母株的死亡，这对许多作物来说十分寻常。然而，这样的生命过程在自然界并不常见。除了极受干扰严重的环境外，多年生植物往往比一年生植物更具竞争优势。因此，野生的一年生植物喜欢长在沙丘、新形成的火山土壤和融化退缩的冰川上以及其他动荡不定的环境中。这些环境提供了开阔的空间，允许幼苗快速成长，且没有年老粗壮的植物与之竞争。人类擅长创造这样的干扰环境，所以一年生杂草老是跟随我们，而且频繁地和人类居住地及农业活动打交道。但没有人类干扰的时候，盛行的是相对稳定，多年生才是大自然的规律。

许多不受干扰的栖息地会出现不适宜植物成长的时期。对于温带环境，我们习惯性地联想到"不适宜"的冬季。相反地，地中海气候带的夏季过于炎热和干燥，较湿冷的冬季更适合植物生长。这里的植物常常藏身于地下几个月，以躲避烈日、熬过盛夏。落叶林的地被层植物也面临类似的压力。夏天，由于阔叶树冠层的遮挡，只有极少的光线能够抵达森林地面。在这几个月，那些身高有限的森林植物简直无法进行光合作用。这些物种不得不抢在树木长满绿叶之前，利用短暂的早春时光赶紧生长和开花。所以蓝铃花类、堇菜类、丛林银莲花、欧洲报春等总是在早春绽放。即使热带地区季节性不明显，也会出现旱季，使得草木枯萎，进入休眠状态。

每当多年生植物面临季节性的艰难时期，它们的生存策略往往是转入休眠状态，把整个身体变回初始的营养结构，生命活动保持静息，直至环境改善之日。营养贮藏器官可以是块根形式的变态根，或者肉质肥大的直根，也可以是变了样的茎，如块茎、根状茎或球茎。甚至百合类植物的叶基都能肉质肥大，形成贮藏器官，即我们俗称的鳞茎。所有这些储存营养物质的器官必然引起了我们饥肠辘辘的游猎祖先的注意，并促使早先的农民在确定恶劣时期即将来临时，播种任何剩余的食物。毫无疑问，曾有很多种做出这样适应性改变的植物因此被驯化，这在人类历史上多次发生，而且这些植物至今仍在我们的餐桌上担任重要角色。

要是生活有这么容易就好了。植物把营养储藏在地下的块茎、根状茎和鳞茎等，这不只吸引了饥肠雷动的人类，生活在同一区域的其他生物也会尝试挖掘这些天然美味。正如我们即将讲到的，这些植物面临被吃掉的威胁时做出的标准演化式回应，便是部署一系列剧毒的防御措施。我们也将发现，对这些重要农作物的驯化其实是围绕如何处理它们的毒素这一主题展开的。

在不适宜的季节藏身于地下的植物，不光要面对素食动物（即食植动物）那讨厌的关切目光，更得抓紧时间完成短暂的性生活。一个有效却简短的花期并非总是一帆风顺。例如，春季开花的森林植物，种子产量可能不稳定。某些年份，一切都挺不错。可是，极端气候也会不期而至。美丽的春日里会不时出现结霜的夜晚，霜夜的冷不但可以掐死脆弱的花，还能杀害植物赖以传粉的昆虫。这样的年份中，种子生产计划就可能泡汤。但演化又使这些顽强的植物制定了相当巧妙的备用计划。即使第一次花期未能生产有活力的种子，许多春季开花的森林植物也有办法创造第二次花期。与第一次开花不同，第二次花况往往遭受忽视。它们一般以蓓蕾形态出现，永不绽放，从而让植物脆弱的繁殖器官保持舒适和温暖，远离早春的霜冻与料峭。这些闭花受精（cleistogamous）的花会自动给自己传粉，所以不需要早春那些不靠谱的昆虫的服务。虽然这类"自备生育保险"的种子是个体自交得到的，但能自花传粉产生子代，总好过春季湿冷导致不孕不育、断子绝孙吧。

打造具有诱惑力的营养贮藏器官和短期集中开花，两者协同进化的适应策略常常是驯化过程中必须面对的问题。正如我们在上一章了解到的，如果植物离开熟悉的环境和昆虫，那套异乎寻常的传粉机制可能就发挥不了作用。不过，这类植物的性行为当然是无关痛痒的，农民才不在乎他们的马铃薯和山药是否开花，因为他们几乎一直通过种植多余的块茎来无性扩繁这些作物。

木薯

木薯是世界上最重要的粮食作物之一，但它竟然身怀剧毒。所以，当我们思考人类为什么从 30 万种潜在的可食用植物中仅仅挑出这么少的种类来吃时，我们更惊奇的是，自己居然决定食用可能会杀死我们的植物。木薯缺少一个良好的出身门第：它是大戟科的一员，该植物家族囊括了 5000 个物种，其中多数都有剧毒，除木薯外不包括其他任何粮食作物。木薯的近亲毒疮树是地球上最毒的植物之一，它生长在加勒比海岸，四周立有禁止游客触摸的警告，它的西班牙名意思是"死神的小苹果"①。它的另一个亲戚——大名鼎鼎的巴豆——则给药剂师提供了最强泻药。不过现在已经禁止使用，因为它会使不幸的患者感觉臀部正在脱离自己的身体！大戟科里相对温和但仍有毒的成员包括橡胶树、圣诞节的花卉明星一品红和供孩子们娱乐的跳豆。跳豆的种子遇热会无规律地移动，其蹦跶能力实际上是寄生于种子内的蛾类幼虫活动的结果，想必这些幼虫正在遭受和吃了巴豆的人类似的经历。木薯自身含有氰苷，当它的细胞组织被破坏后，引发的化学反应将产生氢氰酸。人如果生吃或者烹煮不当，就会出现一些木薯中毒的症状：眩晕、呕吐、部分肢体麻痹甚至在几小时内就可能死亡。

既然如此，为什么还有人考虑栽培木薯？答案当然是它的块根可作为非常宝贵的糖类来源。木薯是能长到 3 米高的灌木，耐旱，由于身藏剧毒而少患虫害。此外，它易于栽培，扦插 15 厘米长的枝条便可繁殖。木薯首次被驯化大概是在 1 万年前的巴西。这个地区依然存在木薯的野生近缘种。但人们只知道栽培形式的木薯，或者以为木薯是一种近期逸生的植物。第一条关于人类消费木薯的确切考古证据来自相当晚近的中美洲玛雅遗址。当西班牙殖民者闯进新大陆之时，这种作物已被大肆栽植和食用，几乎遍布中南美洲和加勒比地区了。

经过千百年来的驯化，人们已经开发出了含氰化物较少的木薯品种。这些带甜味的品种如今广泛扎根于整片热带地区，大约 5 亿人以

---

① 毒疮树的果实外形很像迷你型苹果。

它们为主食。除了生产低毒性的品种外，人类还发明了一些不同的方法以去除木薯块茎中的氰化物，包括干燥并研磨成粉、浸水、蒸煮和发酵。把木薯浸泡在水中 24 小时以上，可将氰化物含量降低至安全水平。但这样处理后的木薯仍具一定风险，因为即便生长在干旱环境中的甜味品种，也含有高水平的毒素。

处理之后，我们就能尝试各式各样食用木薯的方法了。可以用木薯粉做烤面包和蛋糕，制作粉圆或浓稠的汤粥。木薯根可切成薄片油炸，像马铃薯片那样。在非热带地区的木薯食谱中，也许人们最熟悉但并不喜欢的就是木薯布丁了。用牛奶煮熟后，木薯珍珠会变成半透明的凝胶状物质，叫作"布丁"，它曾现身于英国小学的校餐中，令许多小学生大惊失色。

相比"为什么农民依旧广泛栽植木薯的苦味品种"而言，"为什么有人想强迫孩子享受这款食品"更是一个谜团。那些更原始的品种中氰化物含量是甜味品种的 50 倍以上。可是农夫仍然种植它们，因为它们更耐旱、更少染虫害，毫无疑问，也不太可能被窃取。许多作物的驯化过程中都重复上演着这种现象。人类剔除它们演化出来的保护自身免受食植动物伤害的化学毒素，以提高它们的适口性。这在使它们更可口的同时，也更容易遭受害虫和疾病的侵扰。最为讽刺的是，我们今天不得不频繁研发化学防御物质，再用这些杀虫剂代替人类耗费世代精力剔除掉的化学毒素，去"攻击"我们的庄稼。令许多农学家产生分歧的问题在于，哪一类物质对人类健康危害最大？是植物体内原本拥有的天然有毒化合物，还是作物上残留的取代了天然毒素的化学农药？

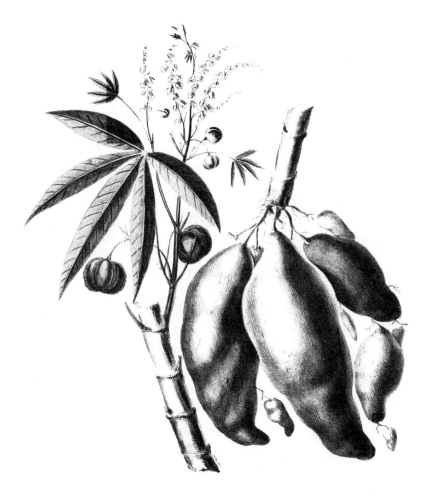

图 4.1　木薯是世界上最重要的粮食作物之一，尽管它含有高浓度的氰化物。

山药

许多种因贮藏器官装满淀粉而被驯化的作物，演化出各类化学防御物质来保护自己。例如，野生的绿色马铃薯含有有毒的生物碱，芋头的根充满了草酸钙，以及我们已经知道的，木薯具有氰化物。当我们试图驯养或开发有毒植物时，这些天然的化学防御物质总会成为一个问题。另一方面，我们也找到了新途径利用这些化合物。例如，人类曾提取山药①块茎的毒素，用来制造毒箭、毒害姻亲、钓鱼或充当其他作物的杀虫剂。在近代，大量的野生山药块茎曾因更不寻常的目的而被商业化采集。

野生的薯蓣属植物遍布世界各地，它们借由藤蔓以顺时针或逆时针方向缠绕住其他植物体，向上攀爬。这类植物通常为单性异株，即一株个体开的花全为雄性或全为雌性，但这两种性别的个体都会形成肥大的地下块茎。不管山药在哪儿现身，好像总能吸引人类的注意，亚洲、非洲和南美洲都曾经驯化了不同的物种。参薯、甘薯、薯蓣、黄独的首次栽培是在亚洲。黄色和白色的西非山药及灌丛山药则源自非洲。黄独会长出古怪的气生块茎（又叫零余子），它天然分布在亚洲和非洲，这两个地区的人们似乎分别栽培它。南美洲只有三叉薯蓣具备驯化价值，但人们也许已从野外收集到了其他物种。英国也有一种本土山药，叫普通薯蓣，虽然它长达 60 厘米的块茎现在总被认为有毒，但在史前时期人类就已食用它了。今天仍有一些法国烹饪书介绍怎样通过长时间的浸泡和煮沸来解普通薯蓣之毒。这种植

① 山药常指代薯蓣属的栽培作物及其可食用的如同根一样的块茎。

物的法文名叫"herbe aux femmes battues",照字面意思理解是"遭受家暴之妻的药草"。在英国和美国,最常被称作山药的块茎事实上是与薯蓣类毫无瓜葛的番薯(sweet potato)[①],而后者与观赏性的牵牛(morning glory)[②]亲缘关系更近。

非洲西部和中部——西起象牙海岸(Ivory Coast),穿过加纳、多哥(Togo)、贝宁(Benin)和尼日利亚(Nigeria),东至喀麦隆(Cameroon)——号称"薯蓣地带"(Yam Belt),这里出产和消费了世界上大多数薯蓣。薯蓣曾在热带地区身价不菲,除了薯蓣种植属于劳动密集型作业、产量较低的缘故外,还因为它们容易处理并能存放好几个月。这种特性使它们成为航海旅程中理想的粮食储备。就这样,薯蓣作为奴隶船上的存粮,从非洲去到了美洲;类似地,亚洲的薯蓣则在前欧洲时期,横跨印度洋和大西洋进行扩散。

过去的百年间,野生薯蓣收获了意想不到的新用途。故事要从1933年讲起,那时候伊士曼·柯达公司(Eastman Kodak Company)第一次分离出人类孕酮。这种万众瞩目的化合物要耗费大量的牛脑才能提取出几克。很快大家意识到,孕酮有用作避孕药的潜力,因为实验研究发现它能阻止兔子排卵。而利用各式各样天然存在的植物化合物就能合成这种性激素的发现引发了一场搜索,这被一家美国药理学

① sweet potato 直译是甜马铃薯,但实际最常指番薯属的番薯,又名地瓜、山芋,有时 sweet potato 会与 yam(山药)混为一谈,因为英语地区常把形似马铃薯的地下块状的根或茎叫作 potato,但番薯属于旋花科番薯属,马铃薯属于茄科茄属,山药是薯蓣科薯蓣属块茎类作物的统称,三者为截然不同的植物种类。

② morning glory 是一类清晨开花的园艺草本植物的统称,作者在这里指番薯属的园艺栽培品种,如牵牛花(Ipomoea nil)。

简报描述成一个"充满阴谋、欺诈、诽谤、嫉妒、诡计、贿赂，甚至暴力骚扰和谋杀的好莱坞电影故事"。虽然多达 250 种植物——如红车轴草、洋甘草、茴香和大豆——被证实含有类似性激素的化合物，但第一款商业化生产的性激素合成物（作为一种口服避孕药使用）却源自从野生的墨西哥薯蓣中提取的薯蓣皂苷元。这件简单的事似乎引发了一系列关于野生薯蓣药用价值的传闻。

含有野生薯蓣提取物或"天然孕激素"的洗剂和药水被当作一种另类药品出售，用于激素替代疗法（hormone replacement therapy），或者用来缓解月经前的紧张不适感，甚至作为避孕药使用。据传，南美洲印第安人能够调控自身的生育能力，因为他们吃了几个世纪的薯蓣。所有这些逸闻的背后都藏着一个事实：在薯蓣块茎中发现的那些化合物都是牧食阻碍素，并非有效的人体性激素。尽管薯蓣已被用于口服避孕药的合成制作，但从天然薯蓣皂苷元到孕激素的转化过程涉及了好几步复杂的化学变化。人类身体是无法"山寨"这些化学反应的。如果你正考虑把食用薯蓣当作一种控制生育的方法，还不如直接吃一盒洋甘草什锦糖，或者寄希望于一株幸运的四叶草。[①]

马铃薯

历史学家告诉我们，研究过去是为了防止我们重蹈祖先的覆辙。

---

① 上一段提及，红车轴草、洋甘草等 250 种植物含有类似性激素的化合物。洋甘草什锦糖是流行于欧洲，特别是英国和荷兰的一种混合水果口味软糖。四叶草一般是车轴草类四叶变异体的俗称，正常情况下，以红车轴草为模式种的车轴草属植物，其一根叶序轴端只长着三片小叶，偶尔出现 4~6 片。由于少见，四叶草被欧洲人视为"幸运"，找到四叶草意味着好运降临。在欧洲，寻找四叶草是孩童们热衷的一种游戏。

其实，我们这些不是历史学家的人都明白，研究过去的真正目的是为了嘲笑祖先的愚蠢。有样东西可以证明这一点——如果需要证明的话——那便是马铃薯，它比其他任何作物都更吸引历史学家的关注。那么，我们能从昔日马铃薯引发的灾难中学到什么呢？

大约 7000 年前，在秘鲁安第斯高原的的喀喀湖（Lake Titicaca）周围，人类第一次驯化了马铃薯。至今，我们依然能在这片区域找到野生马铃薯。其中一些因为可以随意杂交而具有高度的变异性，另一些则只能自交，所以变异很小。人们偶尔还能从野外寻获块茎，但和我们培育的那么多以营养贮藏器官为卖点的作物相比，野生种类的块茎都特别苦，且含一类有毒的生物碱，几乎无法食用。同样的毒素也造就了颠茄的毒性，它是马铃薯的一个亲戚。所以驯化它们的第一步肯定是筛选出苦味弱、毒性小的变种。这一步取得了一定成功，不过人们常常打趣，如果马铃薯是在现代"发明"的，那它会因体内残留有毒物质而被禁食。驯化的下一步工作涉及染色体数目的加倍。至于这是自然发生的还是两个不同物种杂交的结果，马铃薯专家的意见仍不一致。不过不管了，反正和下文的故事无关。

许多历史学家和喜剧演员编造了奇妙的逸闻，来叙述欧洲引入马铃薯的过程。有这样一个传闻，英国对弗吉尼亚州殖民失败后，弗朗西斯·德雷克爵士（Sir Frances Drake）在撤退过程中，在加勒比地区发现了马铃薯。他认为这种植物对英国女王伊丽莎白二世大有用处，就在返程途中把自己的马铃薯交给了沃尔特·雷利爵士（Sir Walter Raleigh），后者把这植物种在其爱尔兰南部的庄园里。1590年，他们准备收获时，雷利爵士不幸试吃了马铃薯含毒的果实。一番恶心的体验使他下令摧毁这批植物，当他的园丁拿着一把铁锹铲掉马铃薯时，他们才终于发现它的块茎。然而，这个版本的故事所包含的细节中，只有日期是靠谱的！

西班牙是第一个引种马铃薯的欧洲国家。1570年左右，马铃薯踏入欧洲之境，大约20年后，英国又独立引种了这种植物。两次引种的原产地都在南美洲的安第斯山脉。尽管英国人经常把这种作物称作"弗吉尼亚薯"，但直到1621年，北美洲和西印度群岛才通过欧洲引种了马铃薯。德雷克和雷利的故事另有一处不准确的地方：他们种植的马铃薯能够产生块茎。第一批从安第斯山脉远赴欧洲生活的植物，并不适应北温带长日照的夏日。安第斯马铃薯形成块茎是因受到了热带气候短日照的刺激。人们选育了将近200年，才使得这个新的外来种适应欧洲夏季的长日照。其实，植物发明营养贮藏器官是为了应对特定的季节性气候变化，这意味着在不同地区成功栽植这类作物通常是一项挑战。也许这个事实有助于解释，为什么至今仍有那么多相似的次要作物（minor crops）只能生长在十分有限的地理区域内，包括豆薯、块茎酢浆草、荸荠、芋、竹芋、食用风铃草和莲藕。即使一些作物分布比较广泛，如葱属，植物育种者依然会努力筛选可以适应不同气候条件和生长季更长的品种。

马铃薯适应北欧气候所花的时间，限制了当地人对它的利用。此外，正如我们已从其表亲番茄身上了解到的，人们不乐意吃马铃薯的一个原因是它们酷似有毒的颠茄。这些因素阻碍了该作物在英国的广泛栽植，直至1800年左右。

由于马铃薯能生活在温和潮湿的环境，也因为英格兰地主为自己保留了大部分最肥沃的土地来种植谷物，爱尔兰人才得以在18世纪早期大规模地栽培马铃薯。他们把作物种在大约2米宽的长条形土垄中，垄内堆积着肥料、海草或腐熟的草皮，然后取垄之间的土覆于其上。耕垦过程中，马铃薯被埋进用挖洞器挖出来的洞里或肥料层的上方。无论怎样，都要确保它们位于土面之上，以免遭涝害。该方法是如此奏效，以至于除了一点其他的必需品外，一条仅700米长的种植垄就足够供养一个家庭的生活了。这套栽培体系的巧妙之处在于，它有着储藏室一般的功能，可使马铃薯免受霜冻。一旦种下去，便无需多加看管，待时机成熟把马铃薯挖出来吃就行。爱尔兰人发明的栽植马铃薯的筑垄方法因此收获了一个美称——"懒床"（lazy bed）。作物栽培的成功使爱尔兰的人口大幅度增加，有人估计，自1740年开始，100年内，爱尔兰的人口从100万飙升至900万。

然而，通过一系列冷酷无情的统计资料，历史记录了爱尔兰的马铃薯栽培业消亡于灾难并改变世界的过程。虽然"爱尔兰马铃薯饥荒"发生在1845年和1846年，但是之前100年间已经接连出现近30次不同的饥荒了。每一次都因为一种真菌、细菌或病毒导致马铃薯荒歉。1740年前后，可能有多达50万，即1/3的人口死亡。而在1845年和1846年的大饥荒中，死亡人数则达100万，另有150多万人背井离乡。结果，20世纪的头10年，已有500多万人离开了这个国家。在对苏格兰人的"高地大清除"（Highland Clearances）中，马铃薯栽培业也扮演了类似的角色，随之而来的是人口大迁徙和种族清洗。

历史学家和农学家事后诸葛亮式地回顾时，都认为这场人间悲剧是可以预料的。在一个温和湿润的气候区，如此严重地依赖遗传多样性低下的单一作物，确实后患无穷。马铃薯枝繁叶茂的构造好像成了酝酿病害的温床。作为一个农业系统，这样的设计简直是用来传播病原体的。

所以，我们从马铃薯身上学到教训了吗？这种作物的全球产量一直稳步增加，但仍然依赖于一个非常狭窄的遗传学基础。它是主宰世界粮食供应的八大作物中唯一一种非谷类植物。鉴于气候变化的不确定性，人类仅依赖这么几种作物是特别危险的战略。尽管预言五花八门，但内容一般会包括气温和降水的增加；换句话说，气候似乎正变得更加迎合植物疾病的口味。这本应促使你在收成好的时候储备大量食物，以防八大主粮中的某一种作物遭受新的毁灭性疫病。可是恰恰相反，休耕政策和自由贸易的压力已经导致 20 世纪 80 年代储备粮的日渐耗竭。当时，堆积如山的食物被视为一种疯狂的农业政策的丑陋病征。然而，随着粮食安全成为 21 世纪真正的关注焦点，也许我们应该重新考虑如何应对未来的气候变化储备食物了。要知道，同样的道路，马铃薯已经走了 1000 年。[①]

一个积极的消息是，植物育种者现在更加重视种质资源的价值了，并在收集和保存全世界一切主要作物的基因方面付出了巨大努力。由于历史和政治的因素，国际马铃薯研究中心和世界马铃薯基因

---

① 马铃薯的可食用部位是这种植物的地下块茎。块茎是一种营养贮藏器官，如前文所述，"植物发明营养贮藏器官是为了应对特定的季节性气候变化"。与人类应对未来气候变化而储存食物的道理相通。经过人类几千年来的驯化，马铃薯的块茎才从又苦又毒又小的野生状态变成今日的主要粮食，可见驯化之漫长和艰辛。而且马铃薯容易遭受病害。这些都警示我们要尽早考虑粮食安全问题。

库设在了秘鲁。多年来，恐怖分子总把研究中心视作一个合理的袭击目标。因此，下次你吃一盘炸薯片时，花点时间想一想国际马铃薯专家团队吧，他们正生活在两道带棘铁丝网和武警的保卫之中，以确保未来的马铃薯不会被炸成碎片。[①]

芋头

我们已经见识了兰花用美艳卓绝的花，和无花果用怪诞不经的开花方式，来防止自己沦落为农作物的过程。然而，最大、最臭，大概也是最奇特的花，当属一个为我们提供若干粮食作物的植物家族，那就是天南星科。奇怪的花使得它们不太可能被列入驯化的候选名单，但这并非唯一原因。与其他许多具有淀粉贮藏器官的作物一样，大多数天南星科植物都有化学防御本领。它们通常选择草酸钙作毒素。尽管这种物质可以置人于死地，但许多我们熟悉的作物体内都有它的身影，如茶、猕猴桃、菠菜和波叶大黄。我们还在啤酒桶的底部发现它变成了鳞片状积垢。幸运的是，烹饪时草酸钙容易分解，这样富含淀粉的球茎摇身一变，就成安全食品了，我们因此把天南星科植物转化为潜在的驯化对象。这或许解释了为什么看上去至少有 4 组天南星科植物分别发展成了非常相似的作物。亚洲、非洲、南美洲和大洋洲都独立培育了芋，又名芋头、毛芋艿、水芋、芋根、芋头梗……在不同地区，这些俗名可混合上场。这些植物不但提供了富含淀粉的球茎，作为一种广泛食用的主粮，还凭借自身肉质的叶柄和与众不同的箭形

---

① 原文为 to ensure that it is not chips for the future of the potato，其中 chips 是双关语，兼有薯片、碎片之意。

叶在绿色蔬菜市场上牢牢占据着一席之地。不过我们可别因为独特的箭形叶就错把它当成竹芋，虽然竹芋也能提供优质的细颗粒淀粉，但它其实是姜的亲戚。

　　所有天南星科植物都有模样古怪的花。在已知的一切开花植物中，巨魔芋的花是最大的[①]，可长到3米高。它的拉丁名为 *Amorphophallus titanum*，其字面意思为"畸形的阳具"，这是指天南星科成员共有的一个花部性状——一根粗大的肉穗花序矗立在这类植物的"花"中心。此乃天南星家族的一个显著特征。这种花序由许多通常不育的小花环绕着一根阳具般的东西构成。不育花的下方往往长着雄花，雄花的下方则是雌花的生长地带。这些神奇的花序生命总是短暂。但在这样简短的一生中，若干个物种呈上了它们精彩的把戏。一些魔芋属植物，包括欧洲多地常见的斑点疆南星，都能使自身的肉穗花序明显升温，直至变得烫手。这门卓绝的技艺是靠劫持其体内生产能量的新陈代谢途径来实现的，所以花序产生的是热能，而不是化学能。这个过程所需的能量大概比一只在空中悬停、拍打双翼的蜂鸟还要多。因此不用太惊讶，这些花序只能维持短时间的"发烧状态"。"发烧"过程中，它们还释放易挥发、通常气味刺鼻的化学物质，吸引传粉的蝇类。于是魔芋属又被叫作"腐尸花"。一些更精巧的天南星花序不光借助讨厌的臭味吸引昆虫传粉，还学瓶子草那样诱骗传粉的昆虫。昆虫初来乍到时能传粉于性饥渴的雌花。接着，在它们被囚禁的短暂期间，雄花成熟了，并在"假释"昆虫之前，给它们淋了一场花粉"暴雨"。这样复杂的传粉机制或许令人着迷，但当考虑驯化时，就变成

――――――――――

[①]　其实是最大的花序，巨魔芋的单朵花并不大。

潜在的麻烦了。你能想象一大片臭气熏天的腐尸花是怎样的情景吗？当然，我们完全不需要人工栽培的天南星科作物开花，因为我们只对它们装满了淀粉的球茎感兴趣。实际上，那些丝毫不操心开花，反而把全部能量都用于营养生长的植物，才有可能成为理想的作物。不过若想鉴别适用于驯化的潜在植物，就出现一个进退两难的问题了。

　　包括天南星科在内的许多作物对人类的价值源于它们的营养器官，如根、茎或叶。在这些情况下，我们都不希望这些植物开花。事实上，许多作物的开花习性反而最令人类讨厌，因为开花会使植物从营养生长阶段转入繁殖阶段。这时，营养器官可能不再发育，或者变得难以食用。基于这个缘故，农夫世世代代地选育出不愿开花或彻底不开花的作物。他们已在几种天南星科作物身上取得成就。大多数情况下，其中一些作物能始终保持营养生长，并且完全通过种植球茎得以繁殖。这个做法很不错，除非你需要种子——例如你想让两个变种杂交，以提高抗病性或抗旱性。这左右为难的窘境对植物育种者来说并不罕见。怎么可能播"种"一种不开花的作物呢？芋能给出相对简单的答案。通过使用一种叫赤霉酸的植物激素，不开花的植物可被激活"性欲"，进入开花状态。这往往需要高剂量激素的使用，但同时存在风险，即有可能烧坏叶片。不过，对于芋属这样只是有点害羞，不乐意定期或脚踏实地地开花的植物，用低浓度的激素来诱导是没问题的。

　　当你知道诱骗天南星类发生性行为是多么困难，以及它们的花是多么怪异时，你就明白我们不打算培育这些植物的果实是多么明智了。不过总有不按常规出牌的特例——龟背竹。作为 20 世纪 70 年代

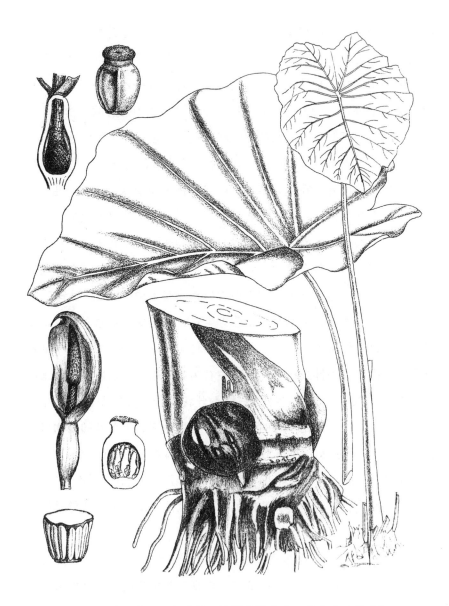

图 4.2 芋头属于天南星科，该科植物含有一种毒素叫草酸钙。

的大厅"门神"①，这种植物一旦有机会逃离办公室去执行传宗接代的使命，就会造出一款混合了香蕉味和菠萝味的水果。龟背竹原产于墨西哥南部和危地马拉的潮湿森林，如今因果实可食而在湿润的热带地区被普遍栽种。在这些比较满足天性的环境中，"蜂窝乳酪植物"②脱掉了乳酪之标签，而被冠以一连串更加不同寻常的称号，如 ceriman（绳状藤）、piña anona（菠萝蛋奶）和 arpón común（普通鱼叉）。③

咸鱼果

植物要保护自己的淀粉贮藏器官免遭素食动物的伤害。种子往往满载宝贵的食物储备，以便驱动自身萌发和供应幼苗早期生长的能量。这样的种子型食物仓库相当诱惑饥肠辘辘的人类，也诱惑着动物。因此，显而易见地，许多种子也常常会制造一系列有毒化学物质来保护自己。和有毒的营养贮藏器官一样，这对粮食作物而言不够理想。大多数作物经过多个世代的人工选育后，毒性已降低至安全水平。然而，食用某些作物的行为仍旧像玩俄罗斯轮盘赌一样，因为这些植物的果实可能含有致命的毒素。

虽然咸鱼果原产于非洲西海岸，但它却是牙买加国菜"咸鱼菜"的关键素材。第一棵踏上该岛的咸鱼果树是在 1778 年由托马斯·克

---

① 龟背竹盆栽常被摆放在大厅的门口两侧。

② 龟背竹有一个英文名叫 Swiss cheese plant，直译为"瑞士乳酪植物"或"蜂窝乳酪植物"，这是由于龟背竹的叶片经常分裂出各式孔洞，看起来很像瑞士出产的蜂窝状乳酪。

③ 这几个名称分别取自龟背竹的气生根、果实和叶片的形态。

拉克（Thomas Clarke）搭乘一艘奴隶船带来的。这种植物的拉丁名 *Blighia sapida* 是为了纪念布莱船长（Captain Bligh，因电影《叛舰喋血记》[*Mutiny on the Bounty*]而闻名），他曾于1793年给英国邱园送去了一份标本，在那里这种植物首次得到了正规的专业描述。奇怪的是，这道十分美味的国菜的另一样主料咸鳕鱼也是进口的，通常来自加拿大。在引进咸鱼果的数年间，出现了一些关于"牙买加呕吐病"（Jamaican vomiting sickness）的报道。直到1875年，人们还普遍把它归因于营养不良、黄热病和其他地方性疾病。很多年内，当地总会突然发生儿童极端呕吐事件，甚至全部家庭成员都死去。终于，问题被定位在了名为降糖氨酸A和B（hypoglycin A and B）这两种水溶性氨基酸上。这些化合物能干扰人体的能量代谢，最后降低血液中的葡萄糖含量，所以该病症状类似营养不良。未成熟的果实及其光滑的黑色种子中就有这些毒素。类似于许多水果，咸鱼果也演化出了"被吃—播种"的机制。但对植物来说，种子成熟之前就被吃掉可不是件好事，因此许多未成熟的水果都披上了有隐形作用的绿衣，并且会制造毒物。果实逐步成熟时，体内的糖浓度会增加，而让自身变得更可口。它们变软，变换自身颜色，常常是从绿色变为更醒目的红色，闻起来也有"成熟的韵味"，以此向附近的动物散发信号。许多植物的成熟过程还涉及毒素的降解，这些毒素在种子成熟之前保护着未成熟的果实。该过程对咸鱼果来说比较简单。果实成熟时爆裂开，露出3个明黄色的假种皮和连在上面的种子。一旦暴露于空气，毒素便会挥发。不幸的是，许多牙买加人对这个过程都太没耐心，等不到降糖氨酸消散殆尽。在他们品尝国菜的热切欲望的刺激下，咸鱼果常常尚未成

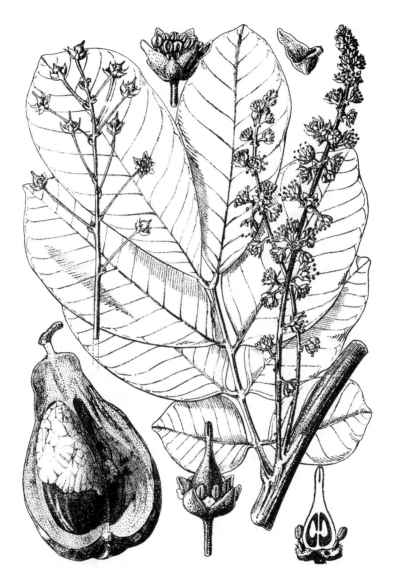

图 4.3　咸鱼果是牙买加国菜（咸鱼和咸鱼果）的
重要组成部分，虽然食客常常因吃它而中毒。

熟就被采摘，结果招来致命悲剧。成熟后的咸鱼果外观和口味都很像炒鸡蛋，你可能认为因为这玩意冒死亡风险真是不可思议。但许多自豪的牙买加人大概都不会认同你的观点。

洋葱

虽然在单子叶植物中，鳞茎是一种比较常见的营养贮藏器官，但是这些鳞茎植物很少有成为重要作物的。洋葱及其亲密盟友蒜和南欧蒜显然是例外。考虑到以下相互矛盾的观察结果，这一事实就更值得关注了。洋葱和蒜应是一切作物中最具国际范儿的，它们似乎已经融入了世界上每一个国家的美食中。与此同时，洋葱以弄哭厨师闻名，大蒜则是出了名的气味刺鼻！和其他具有营养贮藏器官的作物一样，产生这些特性的强效化学物质肯定也是植物发明出来威慑食植动物的。这种情况下，典型的驯化过程似乎已经去除或减少了植物的化学防御装备。不过，洋葱害我们流泪的恶作剧并没有削弱它在厨房里的人气。其实比起中毒，我们流几滴眼泪又算得了什么？简直微不足道。

家喻户晓的洋葱可能是人类最早驯化的作物之一，因为它容易生长又耐储存——当然，并非永远如此。由于肥嫩多汁的体质，葱属植物未能给人类考古工作留下太多实物痕迹。所以很遗憾，关于洋葱祖先的历史仍缺少确凿的证据。人们认为，洋葱栽培史已经超过 5000 年了。尽管祖先们几乎没有留下什么植物残体，但洋葱大概凭借自己刺鼻的气味创造了一个鲜明的文化标志。印度已知的最古老的文字资料记录过洋葱，撒马利亚人（Samarian）的文献对洋葱栽培的描述可追溯至公元前 2500 年。古希腊人记述，参加奥运会的运动员通过喝洋葱汁和往身上涂擦洋葱来增强体魄，这一定让兴奋剂检测省事多了！希波克拉底（Hippocrates）、泰奥弗拉斯（Theophrastus）和老普林尼（Pliny）都描述过一系列令人印象深刻的不同形式的洋葱。最震撼人心的关于古罗马洋葱栽培的直接证据，来自惨遭毁灭的庞贝古城（Pompeii）的花园。人们在熔岩流中发现了几排特别的圆锥形空腔，那是洋葱留下的外形铸型（cast）①，它们和当年的城市居民一起被活活烧死了。

所有的古代文明中，埃及人最迷恋洋葱。更确切地说，他们崇拜洋葱，因为它的同心环造型被认为是永生的象征。这种信仰导致人们在防腐过程中常常用压碎的洋葱来装饰尸体。已出土的法老拉美西斯四世（Ramses Ⅳ）木乃伊，当年下葬时眼窝里就被塞进了洋葱。绘画作品中，埃及祭司经常手持一束洋葱的花，圣餐台同样绑有这种花束。古王国和新王国时期的陵墓墙壁装饰着洋葱图画，这些洋葱是葬礼的祭品或盛大宴餐的组成部分。因此，我们或许不用对《圣经》里（章节 11:5）讲的一件事感到困惑了：在逃离埃及奴役的过程中，以色列人一边流亡于荒野，还一边叹惋着失去了洋葱。

这样有据可查的 5000 年洋葱栽培史回避了一个显而易见的疑问：为什么我们一直热衷于一种虐待我们的眼睛至流泪的植物？答案似乎是，与其说我们是因为辛辣而爱洋葱，不如说尽管洋葱辛辣但我们依然爱它。近年来的遗传学研究表明，某一生化过程赋予了洋葱独特

①　铸型为古生物学和地质学名词，是生物遗体的内外均被沉积物充填，其后遗体本身被地下水溶蚀，所留空隙又为其他物质填充而形成的。

而又撩人的风味，而使我们"热泪盈眶"的含硫化合物是通过另一种截然不同的生物合成途径制造出来的，因此现在人们有可能开发出不催泪也无损风味的洋葱。这大概会是另一款奇葩洋葱吧。相反，下一章将探讨因含有辛辣、令人刺痛或重口味的化合物而特别让我们感兴趣的植物。

第五章　神秘而又神奇的物质

　　虽然我们获取的大部分热量来自少得可怜的几个物种，但我们的香料架以及医用和软毒品柜却塞满了各种植物，这些植物富含多样性高得离谱的化学物质。本章将介绍一系列我们所食用的较不寻常的植物，并试图回答：为什么我们反复钟情于这些灼烧我们的嘴唇又迷惑我们大脑的次要作物呢？

　　有一个观点认为，除了禾草以外的一切植物都可以视作有毒。植物细胞内藏着大量神秘又奇妙的化学物质，其中许多化学物质的生物学功能我们仍不清楚。然而，一旦进入人体内，这些化合物就有可能变成特效药，或许通过清除致癌因子来增强我们的体质，或者帮助我们消灭致病微生物。另一方面，大自然的药剂师又会伤害我们。植物可以使我们急性中毒而亡，也能花费几十年的时光导致我们慢慢死去。其他提取自植物的化学物质可以导致过敏症、灼烧感和神志不清。因此，早期人类在选育作物的试验中，一定做过很多错误的决定，一些错误还引发了灾难性的后果。

生物学家认为，植物合成的许多独特的化合物属于毒素，是作为抵抗动物食草行为的工具或不断与疾病抗争的化学武器而演化出来的。其他人则指出，许多更加离奇的化学物质是非适应性的，纯粹是生存所需的复杂代谢反应的副产品。禾草类植物采取了另类的方法。它们把幼嫩的生长点藏在草丛深处，以躲避素食动物的啃咬。此外，禾草的叶倾向于采用物理防御，而不是化学防御。它们的叶片边缘像刀片一样锋利，能划破手指，因为叶缘武装了多列由二氧化硅制成的迷你"刀刃"。毒素的缺乏，使它们不知不觉地成为更理想的驯化作物候选者。我们稍后再讨论这些内容。

既然植物配备着这么多强大的"化学武器"，为什么仍旧容易遭受疾病的侵染和食植动物的啃食？答案显而易见。在任何一场长期斗争中，作战双方成员都会被迫调整策略，以应对对手采取的战术。不管是寄主和疾病之间的斗争，还是寻找晚餐的饥饿动物和设法避免成为晚餐的植物之间的斗争，都是典型案例。这一过程和人类历史上发生的军备竞赛有不少相似之处。军队不停地升级和部署新式武器，而这些武器很快又被新的防御结构淘汰。演化生物学家称这一过程为"红皇后效应"（Red Queen effect），取名自《爱丽丝镜中奇遇记》（*Alice Through the Looking-Glass*）里的红发女王，她被迫拼尽全力跑得更快，才能留在原地，即"逆水行舟，不进则退"。同样，积极更新防御工事的植物几乎从不沦为食植动物或者病菌部队的俎上鱼肉。任何参与斗争的食植动物、寄生虫或者致病菌都被迫发展出解除植物化学武器的手段，否则就只能等待灭亡。

植物和食植动物之间吃与被吃的关系所引发的持续斗争，已经把红皇后效应推向了一个更加复杂的全新高度。许多种动物不仅适应了植物的毒性，还发展出一套如今要依赖于它们的机制。例如，很多害虫根据植物产生的化学物质来定位它们的寄主，但这些化学物质原本是植物用于防御害虫的。诸如害虫"收缴"植物的化学武器，用来保护自己躲避天敌伤害的例子有很多。通俗地讲，这种能力驱动了蛾类和蝴蝶的分化。蛾类一般缺乏收缴（或扣押）植物化学武器的本事，所以常常成为捕食者的美食，于是它们行事低调，选择夜间活动，以避免被吃。相反，许多蝴蝶能够将植物的化学防御物质转化为一种自我保护手段，事实上它们往往积极寻求更毒的寄主植物。这导致蝴蝶并不好吃，色彩鲜艳且白天活动。有一些蛾类也掌握了这门本事。朱砂蛾的幼虫以有毒的新疆千里光为食，斑蛾的幼虫则偏爱那些富含氰化物的百脉根。蜕变为成虫后，这两种蛾都自带鲜明的黑色和艳丽的红色以示警告，它们在白天出没。其实，说这些生物迷恋植物的毒素是不严谨的。然而，演化道路上发生的这些小冲突对大自然而言又是如此重要，这是大自然永恒的特性，我们如果不把它考虑在内，就没法理解生物之间的相互作用了。当我们尝试了解自己与所吃的植物之间相互作用的关系时也不例外，特别是那些恰恰因为富含潜在有害的化学物质才勾起我们兴趣的植物。对这些植物的驯化似乎使它们变得更"阴毒"了，而不是更加温和。

山葵

我们驯化的许多小众作物有着浓郁而独特的风味，这正是我们栽培它们的原因，人们并不是为了把它们当作粮食。当然，众所周知，香料最初是用来掩盖腐肉的味道。所以我们会把辛辣的食物与炎热的国家联系起来，在这些地区，冰箱诞生以前，保存肉类是很困难的。这大概有一定道理，但香料和微生物腐化之间真正的相互关系要复杂多了。

除非你相信，上帝是为了掩盖腐烂食物的味道而慷慨地在热带国家创造有刺激性气味的植物（而不是大方地提供冰柜），不然就需要解释香料为何分布在热带地区了。实际上，有一些不错的生物学理由可以说明这一现象的原因。人们认为，让香料产生复杂的香气和味道的化合物是作为防御病菌或者食植动物的武器而演化出来的。热带地区拥有最高水平的生物多样性。这里的植物更容易遭遇疾病的挑战和动物的袭击。在炎热潮湿的热带，消费者与被消费者（生产者）之间的斗争最为激烈，致使植物采取了更极端的策略——建造了具有保护作用的化学武器库。

起源于凉爽气候区的香料作物屈指可数。其中 3 种互相关联的植物最为出名，分别是芥菜、辣根和山葵。它们都是野甘蓝的亲戚，那种辣得要命的味道来源于整个科中普遍存在的芥子油。芥子油的活性成分是异硫氰酸酯（isothiocyanates），当这些植物的细胞组织受破坏时，就会快速发生化学反应，产生这种化合物。

山葵野外分布于日本凉爽的山间溪流边。它已在该地区繁衍了1000 多年，但由于对生境要求比较苛刻，它尚未得到广泛栽植，依旧保持野生的状态。这一事实往往限制了山葵的消费广度，实际上我们在日本以外的地方食用的山葵酱（wasabi）大多数可能是添加了绿色食用色素的辣根。①辣根的可食用部位是被磨碎了的须根，而用于调味的山葵酱是用山葵的肉质茎做成的。制备这些调料最好在户外进行，因为它们释放出来的挥发性化学物质会给眼睛和鼻腔带去灼热感。这个现象为一个日本科学家团队赢得了 2011 年的搞笑诺贝尔化学奖。他们对科学的贡献是，基于山葵的特性发明了一款火灾警报器，这款警报器会释放异硫氰酸酯，在 10 秒钟内唤醒耳聋人士。幸好，这种气体能迅速消散，不然当使用者抱头逃离火场时，还得想办法处理山葵味的烟雾。反过来说，如果你是山葵的狂热爱好者，那意味着在它失去功效之前，你只有 15 分钟的时间充分享受它。②因此，资深的老饕坚持只吃现磨的山葵，它能使每个场合的空气都变得"辣么清新"。③

　　寿司厨师喜欢在生鱼片和米饭层之间添加新鲜山葵酱的习惯，这有力地支持了"使用浓郁的香料是为了掩盖讨厌的味道"这一假设。不过，山葵酱可不只能遮盖鱼腥味，科学证明它还具有有效抵抗副溶血弧菌（*Vibrio parahaemolyticus*）的特性。这种细菌通常和海鲜引起的食物中毒有关，这类食物中毒在日本尤其常见。人们还发现，山葵含有的异硫氰酸酯也有助于抑制与食物中毒有关的其他细菌，如大肠杆菌（*E. coli*）、金黄色葡萄球菌（*Staphylococcus aureus*）和幽门螺杆菌（*Helicobacter pylori*）（事实表明幽门螺杆菌会引起胃

① 　山葵的英文名为 wasabi，这是一个日语源词，中文常误译成"芥末酱"或"青芥末"。实际上芥末是用芥菜类的种子研磨制成的，对应的英文名是 mustard，另一种有芥末味的植物是辣根，对应的英文名为 horseradish。

② 　把山葵做成山葵酱后，若没及时密封保存，山葵酱在 15 分钟内就会失去味道。所以下文提到日本厨师做寿司要用新鲜的山葵酱。

③ 　虽然辣椒和山葵同样使人感到辣，但辣椒是刺激舌头神经产生辣味，山葵却是刺激鼻窦，所以吃山葵酱会觉得"空气异常清新"，和吃芥末的感觉差不多。

溃疡）。或许最奇特的是，山葵还能帮忙剿除蛀牙的罪魁祸首——变异链球菌（*Streptococcus mutans*）。这令许多科学家纷纷建议，牙膏里应该添加山葵酱。虽然山葵酱可能会有氟化物一般的效用，但该建议听起来似乎比山葵火灾警报器的实用价值还低。

辣椒

辣椒大概是最辣的调料了，也是新世界热带地区出品的最古老的栽培植物之一。来自史密森尼学会（Smithsonian Institution）的一个团队最近声称，他们在厄瓜多尔发现了 6000 多年前人类食用辣椒的证据。如今，全世界都视辣椒为珍宝，非洲、亚洲、欧洲和辣椒的故乡美洲及加勒比地区都把它列入"传统"食谱中。它们以多种多样令人眼花缭乱的姿态出现在人们面前，从巨辣无比的哈瓦那辣椒与塔巴斯科辣椒到最温和的甜椒；它们尺寸形状各不相同，从又小又瘦的鸟眼椒到又大又圆的菜椒，果实有红的、绿的、黄的，还有呈金黄色近乎白色的，以及紫得发黑的。事实上这种彩虹般的变异性是个假象，因为它们不是同一物种。辣椒是对少数几类分别由若干个物种组合而形成的作物群的统称。共有 5 种辣椒属植物分别在不同地方受到了驯化。栽植最广泛的是普通辣椒（*Capsicum annuum*），起源于墨西哥和美国南部。往南走，有名不副实的中国辣椒（*C. chinense*）[①] 和与普通辣椒非常近缘的灌木状辣椒

---

① 中华辣椒的学名 *Capsicum chinense* 表示"中国产的辣椒"，其实该名之意是错的，因为辣椒属植物全部起源于美洲。它们被欧洲探险者引进中国后，势不可挡地风靡中国烹饪界，推动了中餐的新发展。于是在 1776 年，一位荷兰植物学家在给一种辣椒命名时，误以为它原产自中国，从而取名"中华辣椒"。中华辣椒很有经济价值，它贡献了世界上最辣的几个辣椒品种。

图 5.1 　对人类来说，辣椒的味道可能太火辣了，
但对传播其种子的鸟类而言却一点也不辣。

（*C. frutescens*）①，两者起源于加勒比地区和南美洲北部，给我们带来了火辣的塔巴斯科辣椒和加勒比的苏格兰软帽椒。南美洲中部和安第斯山脉高海拔地区栽培的是另外两种辣椒，它们只在该区域被种植。

从生物学角度讲，果实的一切动机就是吸引一只饥饿的动物来吃掉自己，由此充当传播内部种子的装置。这也是当种子准备好"流浪远方"时，果实便会成熟，变得色彩诱人、甜美可口的原因。不过这里出现了一个明显的问题：如果这是事实，为什么有些果实会暗藏毒物或者像辣椒一样灼烧你的嘴？答案是：果实的特性取决于它试图吸引的对象。如果种子被错误的动物吃掉，它们将随包裹自己的肉质果皮一起被分解消化，而不是搭顺风车去到一个合适的还正好有一小堆肥料的地方安家。辣椒是这方面真正的天才。它们一边击退只想食用果实的讨厌的哺乳动物，一边设法吸引能为它们传播种子的鸟类。辣椒素是一种专门刺激哺乳动物神经末梢的化学物质，它赋予辣椒炽热的辣味，使大脑产生完全如同火烧般的感觉。然而，辣椒素对鸟类却特别友好。所以，毫不奇怪，鸟类成了辣椒的高效播种机。相比之下，辣椒籽进入少数敢于冒"烧伤"之险的哺乳动物的肠道后，通常会被消化掉。

人类生活中总是出现离经叛道的行为，比如许多人都着迷于吃辣椒所产生的灼烧感觉，以至于在他们的神经被辣椒素虐待得麻木之后，他们竟开始搜寻更辣的品种。植物育种者争先恐后地培育出越来越辣的品种来满足这些辣味瘾君子。1912 年，化学家威尔伯·斯科维尔（Wilbur Scoville）发明了一套描述辣椒辣味程度的等级体系。他把一份辣椒样品溶解于糖溶液中，然后稀释到辣味不再被一个志愿

---

① 有学者认为这是普通辣椒的一个变种，所以说它们非常近缘。

试吃的 5 人小组察觉出来为止。斯科维尔等级范围以最甜的菜椒为零刻度，而纯辣椒素的辣度则为 1600 万。超级辣的哈瓦那辣椒的辣度为 35 万～58 万，但与辣度高达 92.3 万的荒唐的原子核纳迦辣椒相比，就只能算是"小巫见大巫"了。这些辣椒被出售的时候都会伴随着措辞激烈的健康警告，而且我们最好戴上手套处理它们。

对于斯科维尔体系，我们其实应该补充一些解释。辣椒素不溶于水，但溶于酒精，所以，待检测的辣椒样品在与糖溶液混合之前，必须先溶解于已知体积的酒精中。据说，这也是不建议你通过喝水来消除辣椒引发的灼热感的原因，啤酒也许能更加有效地"灭火"。不过话说回来，如果没有啤酒的话，你可能在一开始也不会变成"纵火犯"。事实上，啤酒的酒精含量如此之低，根本不足以有效溶解大量的辣椒素。即便这样，辣椒和冰镇啤酒仍不失为一对经典搭档。

番红花

"香料"一词不单单指用于调味的芳香植物制品，还暗示了一些令人兴奋的、具有异国情调或者稍稍别致的事。因此，你可能惊讶，对于世界上最昂贵的香料藏红花，大多数英国人了解的仅仅是它过去常被种植在埃塞克斯郡（Essex）的萨佛伦沃尔登（Saffron Walden）。[①] 事实上，除了少数几个地名之外，历史上似乎并未提到英国与这种最不寻常且昂贵的作物的联系。

名贵香料藏红花源自秋季开淡紫色花的番红花的干燥柱头。人们只利用番红花雌蕊顶部几毫米长的接受花粉的部位，尽管有时误传是

---

① 藏红花又称番红花，其英文名为 saffron，即源于地名 Saffron Walden。

利用花药，即雄蕊上生产花粉的部位。番红花的起源既古老又模糊，但一般认为它起源于小亚细亚或者地中海东部地区。作为一种野生植物，番红花不太出名。与地球上大部分生命体的细胞均包含两套染色体（一套来自父本，一套来自母本）不同，番红花属的细胞拥有三套染色体。虽然对待多出来的这套染色体，植物要比动物宽容许多，但额外的染色体却导致番红花个体不孕不育，无法制造种子。番红花完全依靠球茎进行营养繁殖。那套额外的染色体或许表明番红花最初是由同属两个不同物种杂交形成的。另一方面，越倾向于通过鳞茎或球茎等营养器官进行繁殖的物种，会比采取种子繁殖的物种更容易积累染色体的变异，这将最终导致它们丧失生产可育种子的能力。

可能除了一些兰花种子外，藏红花算得上全球最昂贵的香料了，也是所有植物产品中最贵重的。如果按单位重量的价格比较，它比黄金还要昂贵。藏红花身价高的原因有两个：首先，人们采收的只是番红花植株上极小的一部分；其次，采收工作本身非常消耗劳动力。为了证明价格高得离谱是有道理的，那些贸易商人很乐意告诉我们，每一小撮藏红花香料需要牺牲成千上万朵番红花才能制造出来。其产量的波动相当剧烈：风调雨顺的时候，每公顷土地可出产超过 10 千克藏红花；但在贫瘠的克什米尔地区，每公顷土地出产的藏红花重量却低于 2 千克。这相当于每 1 千克香料需要摧残 7 万到 30 万朵鲜花，同时也意味着要花费 180 到 750 个小时去手动采摘鲜花并收集柱头再进行干燥。据估计，每年藏红花的国际市场建立在 100 亿朵精心手工挑选的鲜花上。对商人来说，花的绝大部分没有价值，每逢为期一个月的收获季，西班牙、印度和伊朗就会遍布巨大的花瓣垃圾堆，如同

图 5.2　番红花是最昂贵的作物之一，由其柱头制成的香料被称为藏红花。
同等重量下，藏红花的价格远远高于黄金。

惨遭遗弃的花瓣曾经充斥了萨佛伦沃尔登小镇的大街小巷。

番红花作为作物所具备的超高价值，早已使其成为不法商人眼里的一个香饽饽。最简单的掺假手段是让干燥的线状柱头吸湿，将番红花存放在潮湿的环境中以增加重量。增重的另一个方式是往番红花柱头上涂抹油、甘油或蜂蜜。如果藏红花香料是以粉末的形式出售，就可能添加了番红花花朵的其他部位，如花药，实际上，其中也许还掺杂了其他植物材料，如姜黄、红花或万寿菊。这个做法一直让人无法接受，以至于中世纪的德国纽伦堡（Nuremberg），约布斯特·范德克（Jobst Findeker）在 1444 年和他那些不合格的藏红花被一起绑在木桩上执行火刑，以惩罚他的罪过。这应该是五香烤肉串的一种早期形式吧！

范德克的死是一个悲伤的讽刺。与今天藏红花几乎完全被当作烹饪香料不同，中世纪时期它是一种被广泛使用的药物，人们认为它可以治疗失眠、感冒和哮喘，有效抵抗猩红热、癌症和天花，并起到镇静、止痛和激发性欲的作用，还能作为一种发汗剂、调经剂和化痰剂。可实际上，这些功效或许都没有，它倒是一种神经毒素，不过大概只有用掉破产级别的剂量才会中毒。总之，范德克也许帮了纽伦堡市民一个忙，他让人们不再坚信藏红花可以包治百病。

毒性更强的是秋水仙，有时人们会把它和真正的番红花混淆。这种貌似番红花的植物其实是百合科的成员。[1] 它那淡紫色的花常常现身于英国南部古老的潮湿牧场上，但已经越来越少见了，因为农夫们

---

[1] 秋水仙的英文俗称是 autumn crocus 或 meadow saffron；现在大多数植物学家认为秋水仙是秋水仙科成员。

为了防止牛群中毒把秋水仙都摧毁了。秋水仙曾被用于治疗痛风，如今则是秋水仙碱（colchicine）的来源。秋水仙碱是一种强劲的药物，遗传学家用它阻止细胞分裂，从而便于观察细胞里的染色体。

尽管缺少直接的证据，但在 15 世纪至 17 世纪期间，埃塞克斯郡和剑桥郡（Cambridgeshire）种植的番红花很可能既不作药物也没被用于烹饪。实际上，埃塞克斯郡的百姓好像从来没有在厨房中使用番红花的传统。相反，它可能主要用于生产黄色染料。萨佛伦沃尔登曾经是买卖羊毛和纱线的重要贸易集镇。如今，人工合成的替代品早已取代了作为染料的番红花。所以故事的最后，范德克的继承者至少从某方面来讲取得了胜利。

欧芹、药用鼠尾草、迷迭香和斑叶百里香 [①]

我们的香料作物主要起源于热带地区，它们火爆的天性被认为是一种演化而来的防御机制，用来防御以它们为食的各种生物。相反，大多数本草植物的老家可以追溯到地中海一带。给本草和香料之间划界限多少有些武断。通常来讲，本草取自低矮草本植物的叶，新鲜的和干燥的都常用；香料则更多样化，一般是经过干燥处理的植物产品，包括树皮、花蕾、种子、果皮、根和茎。少数植物，如芫荽，能同时作本草和香料之用。本草和香料的共同点似乎在于它们均拥有强大的抗菌特性，这在很大程度上塑造了我们利用它们的方式。自古以来，人

---

① 原文标题是 Parsley, sage, rosemary and thyme，取自一首古老的英国民谣《斯卡布罗集市》（*Scarborough Fair*）的歌词。这首歌后来经过美国乐队 Simon & Garfunkel 的再加工和演绎，传唱度更高。1967 年，美国电影《毕业生》（*The Graduate*）将 Simon & Garfunkel 版的《斯卡布罗集市》用作插曲，使其成为全球大受欢迎的经典民谣。

类对四种不同而又偶尔重叠的利用方式。如今，我们主要关注烹饪用的本草，它们可以增添食物的风味。本草和香料一样也有助于防止细菌糟蹋食物，这一事实现在听起来有趣又新奇，但在冰箱诞生之前，这种抗菌能力对降低长期存在的食物中毒风险起着重要作用。

历史上，我们对本草抗菌特性的依赖要广泛得多，而不仅限于烹饪方面。本草是医疗业的基石，事实上，有很多大学的植物学专业是从医学院内部起源的，因为对植物的研究主要集中于它们有益健康的功能上。医生可以针对形形色色的疾病开出本草类药方。欧芹能治尿路感染和肠胃气胀；鼠尾草被拿来医治记忆问题和阿尔茨海默病；迷迭香有助于缓解肌肉疼痛和恢复毛发生长；斑叶百里香则可用于治疗痤疮和鹅口疮。科学家研究了许多这样的传统药物，将其有效成分整合进现代医药当中。这些化合物往往是具有抗菌功能的挥发油，这也是那些植物最先吸引人们注意的地方。

在现代化学和管道系统出现之前，本草还被当成空气清新剂和驱虫剂使用过。中世纪的英国，洗澡是件稀奇的事，无论穷人或富人，都喜欢在房屋周围随意播种具有浓郁气味的植物，如旋果蚊子草、洋甘菊①、菊蒿、神香草和北艾。这些本草不光帮助不洗澡的居民掩盖身体的味道，还能"防治虫害"，驱除跳蚤、蜱和衣蛾。②如今，这一传统已经消失殆尽，只余"百花香"（potpourri）。这种混合了本草、香料和木刨花的香包如今一般出现在中产阶级的浴室中，这也许暗示

---

① 原文为 chamomile，是菊科几种长相类似的植物的统称，俗称洋甘菊，包括果香菊和母菊等。

② 作者列举的这几种昆虫都喜欢寄生在哺乳动物身上，且容易被汗味吸引，它们并非农业害虫，但作者却说"防治虫害"，结合上一句"帮助不洗澡的居民掩盖身体的味道"能体会到，这里是在调侃不爱洗澡的古人因为身体太脏而招惹"虫害"了。

了使用者并不完全相信沐浴的清洁效果。

本草的第四种用途是作为宗教活动的一部分。自古以来，本草不仅被认为有医疗功能，而且是神圣的事物。我们很容易明白这两者是怎样发生关系的。欧芹总让人想到魔鬼，因为它的种子需要很长时间才能萌发。有人相信，萌发之前它的种子不得不去地狱拜访一下。鼠尾草被视作一种神圣的植物，人们点燃它以驱赶凶神恶鬼，并相信它能阻止衰老和死亡。罗马时代，迷迭香与女神雅典娜和维纳斯联系在一起。按照基督教的说法，当迷迭香的花碰到圣母玛利亚的斗篷后，就从白色变成了蓝色；斑叶百里香则是耶稣降生时被置于婴儿床内的 7 种本草植物之一，而且取它花朵的汁液擦在眼皮上，将使你看见精灵。

可作用于神经的致幻鼠尾草是鼠尾草的一个姐妹种，能在多个国家合法销售。它原产自墨西哥的云雾林（cloud forests）。那里的马萨特克人（Mazatecs）认为这种植物是神圣的，他们的萨满用它诱导幻觉，作为宗教治疗仪式的组成部分。该植物的大多数俗名都暗示了一个事实：当地百姓视其为圣母玛利亚的化身。致幻鼠尾草影响人类心理的本事归因于一种叫鼠尾草素 A（salvinorin A）的萜类化合物。所以，斑叶百里香的花可能是得益于同样的芳香化合物，才能让人看见精灵吧。这类化合物赋予草本植物独树一帜的味道、气味和抗菌能力。换句话说，把本草用作食材、药材、空气清新剂和宗教工具，大概都与它们富含单萜和倍半萜等芳香的挥发油这一事实有关。

人类培育出这么多种生长缓慢的地中海植物，是由于它们含有高浓度的挥发油，这一现象引发了一连串显而易见的问题。为什么这

图 5.3　百里香和其他一些本草一样，
含有高浓度的挥发油，这使它非常易燃。

餐桌植物简史

类本草要产生具有异常气味的化合物？为什么它们会和炎热干燥的夏季与温和湿润的冬季联系在一起？这些问题的答案都不是显而易见的，而且几乎违反直觉。具有地中海气候的地方往往在干旱的夏季容易定期发生火灾。生长在这些区域的植物因此不得不演化出应对这类丛林火灾的适应性本领。讽刺的是，这些植物生产的挥发油却更容易引火烧身。结果，火势迅速加强，很快扩张并吞噬了整片植被，造成更严重的灾害。也有研究表明，挥发油可通过一套人们尚未彻底了解的机制来保护细胞膜，以削弱火灾对植物细胞的伤害。代表该现象的一个极端例子就是《圣经》中记载的"燃烧的荆棘"。据说，该易燃草木也许是一种叫白鲜（*Dictamnus albus*）的植物，它能产生苯和其他挥发性化合物。另外，耶路撒冷希伯来大学的本尼·香农（Benny Shanon）教授认为，摩西在"燃烧的荆棘"中看到的景象应该是他吸入骆驼蓬（*Peganum harmala*）释放的芳香油后产生的一场幻觉。总之，无论哪个解释都和植物的化学特性有关，这些植物通常来自地中海地区以及我们的本草园。

柳

人类将植物用作药材的历史，几乎和食用植物的时间一样长。实际上，试图区分这两样用途通常是徒劳的。早在公元前 5 世纪，医学之父希波克拉底就曾建议使用一种苦的柳树皮提取物来缓解疼痛和痛苦。但古老的草本疗法怎样导致阿司匹林的发现，却是一个足以让人头疼的复杂故事。不同科学家对此持不同的观点，而且有两种截然不同的植物在争夺这个故事的主角资格。

有一个普遍的误解认为，柳树皮里含有阿司匹林。这显然不正确。从药理学上讲，柳树具有的活性化学物质应该是水杨酸（salicylic acid），它的英文名源自柳属的拉丁名 *Salix*。另有一个没那么流行的传统观点声称，柳树皮产生苦味是因为基督小时候被柳树枝条鞭打过。其实，水杨酸并不为柳树独有，它广泛分布于植物界，作为一种植物激素，它参与塑造植物的耐逆性和抗病性。一些植物如柳树和旋果蚊子草中，水杨酸浓度高得足以发挥医学活性，甚至可能使食用它们的动物中毒。在欧洲，欧亚鸲吃下的旋果蚊子草种子数量很多，其中含有的水杨酸快要逼近致死的剂量；北美洲的河狸吃了过量柳树皮后则通过流汗排出水杨酸，以免中毒。

1828 年，慕尼黑大学的化学教授约翰·毕希纳（Johann Büchner）首次从柳树皮中提取出水杨酸。一年后，法国药剂师亨利·勒鲁（Henri Leroux）利用旋果蚊子草提取到更多更纯的水杨酸结晶。尽管水杨酸的确可以止痛，但它不是一种理想的药物，因为它会带来消化问题，包括胃刺激和腹泻。于是整个 19 世纪，化学家们都致力于研发一份低刺激性的水杨酸合成配方。1853 年，查尔斯·弗雷德里克·格哈特（Charles Frederic Gerhardt）合成了乙酰水杨酸（后来被称为阿司匹林），19 世纪 80 年代这种化合物才步入市场。不过，阿司匹林的发现曾被大多数人归功于德国人费利克斯·霍夫曼（Felix Hoffman），他 1897 年供职于拜耳制药公司。故事的起因是霍夫曼当时在寻找一种能够减轻父亲风湿病疼痛的东西。1899 年，乙酰水杨酸以阿司匹林之名走进了市场，该名派生自旋果蚊子草的拉丁属名

*Spiraea*①，而与柳树无关！后来，另一位当时在拜耳工作的德国化学家亚瑟·艾辰格伦（Arthur Eichengrun）在去世前（即1949年）发表了一份可靠的声明，对该故事表示怀疑，说他那时候负责主持了这项研究。不管实验室里故事的真相究竟如何，我们仍能确定的是，这种天然生成的化学物质至今仍发挥着它在希波克拉底时代的效用。所以如果有一天，你被困于加拿大的荒野，并且感到恶心头疼时，不妨试着舔一舔一只大汗淋漓的河狸来缓解痛苦！

　　人类对柳树的利用有着悠久的历史，但很难将柳树定义为一种作物。分类学家视柳树为一帮花花公子，因为它们"缺乏道德观念"，几乎所有柳树都喜欢相互杂交，不管是在沙丘或山顶匍匐生长的低矮灌木还是雄伟壮丽的高大乔木。变化多端的个体生长型为人类提供了丰富的材料，有的柳树枝条被取来编成织物，有的柳树出品强硬的轻量级木材，做成假肢后大受欢迎。最出名的柳木制品大概是板球球拍了，没有它，英国文明将停止"运动"！② 极少有植物仅仅因为它的某一个用途取名，但"板球球拍柳"（cricket-bat willow）③ 却能获此殊荣。

　　与昔日形成鲜明对比的是，柳树作为一种作物的未来远远偏离了英国的上流阶层。在21世纪，人们在基本农业用地上大规模单一化种植柳树。这个可持续发展的短期轮作式矮林产业和原来的开满鲜花的矮林林地相差甚远。生长快速且再生率高的柳树或许能够解决人类对可再生

---

① 旋果蚊子草以前位于绣线菊属，现在属于蚊子草属。拜耳公司为水杨酸取商品名时，参考的是旋果蚊子草的旧拉丁名 *Spiraea ulmaria*。

② 板球运动起源于英国，是非常悠久的风靡于英联邦国家的绅士运动，这项运动内容古怪、规则复杂、节奏缓慢，它既反映了大英民族的乡村绅士性格，又充分融入了英国百姓的生活当中。

③ 这是白柳的一个品种，学名为 *Salix alba* 'Caerulea'。

能源不断增长的需求，但对于提着柳条篮去野餐的水鼠和鼹鼠来说，栽种柳树所形成的农业景观将变得格外陌生。[①]

烟草

人类对作物的很多用法都与作物自带的"药品"相关，这些"药品"是那么奇怪和有害，使你不得不纳闷：利用这些植物的人究竟是怎么想的？烟草是这方面的典型案例。你可能会问，美洲原住民是怎么想到收获烟草之叶，接着撕碎加工，再放进一管状物中，点火，然后美美地吸入一口烟的？这个问题可进一步延伸：他们究竟尝试了多少种植物，才吸到了他们预期的效果？另外，考虑到我们现在已经知道烟草对人类健康有负面作用，为什么他们还去招惹这么多麻烦？事实上，你越琢磨这个问题，就越难回答它。

烟草属有 64 种植物，野外原产于美洲、澳大利亚和一些太平洋岛屿。其中大约 10 种被美洲原住民开发利用了，澳大利亚原住民也开发了 1 种，用于宗教或药物。如今，商业化栽培的烟草属植物只有 4 种，其中烟草（*Nicotiana tabacum*）是这类国际作物的主力。那么，驯化这些物种的过程隐藏了哪些秘密呢？

和许多作物一样，烟草在野外默默无闻，但它的亲本仍生活在野外。这些亲本在某些方面十分奇怪。人类栽培和消费烟草，是因为它包含有毒的生物碱尼古丁，这玩意儿会使大脑兴奋并产生幻觉。烟草在根系里合成尼古丁，再把它运输到叶片。然而，在烟草的野生亲本

---

① 水鼠兰特（Ratty）和鼹鼠莫尔（Mole）是英国儿童文学经典作品《柳林风声》（*The Wind in the Willows*）的动物主角。作者可能借此怀念逝去的乡村时光。

体内，尼古丁一旦抵达叶片，却会被迅速分解失去功效。看来我们有理由假设烟草栽培种曾经也是如此。但我们完全不了解美洲原住民到底是怎么驯化烟草才使其尼古丁幸存于叶片中的。既然这个物种的叶不含尼古丁，我们也不清楚他们最初为什么要栽培它了。美洲原住民则求助神来回答这个问题。根据休伦人（Hurons）的传说，古代的土地很贫瘠，百姓无处寻粮，忍饥挨饿，伟大的神便送来一个女人，养活了地上的人。当她走过大地，右手一触碰地面，马铃薯就生长起来，左手一触碰地面，玉米就冒出头来。她干完这些活后，土地变得肥沃又高产，于是坐下来休息，她坐下的地方就萌发了第一株烟草。

虽然美洲原住民各部落对烟草起源过程的认识各不相同，但他们普遍认为这是伟大的神赏赐的礼物，以帮助人类与神的世界沟通。为此，他们不将烟草作为日常消遣，而是偶尔出于宗教目的高剂量地使用。萨满或巫医经常用高浓度的烟草作灌肠剂，这是宗教仪式的一部分。高剂量的烟草制造出幻觉，据说这让萨满得以与神沟通。还有说法认为吸烟时吐出的烟雾能把人的思想带到神的世界。反过来讲，由于使用烟草被视为神圣的行为，日常娱乐性地吸烟便通常被当作对神灵的无礼。也许那等同于给神打骚扰电话！有趣的是，这样的无礼行为好像受到了身体不佳的惩罚。与日常成瘾式的吸烟习惯相比，美国原住民使用烟草的传统方式（很少使用但高剂量）被认为对健康的伤害要小得多。但若萨满有一天抽 30 根烟的嗜好，他会发现坐在医生候诊室里是很不舒服的。

大麻

大麻（*Cannabis sativa*）可能是最古老的非粮食作物。自新石器时期以来，亚洲就已种植它来制作绳索、织物和收获油籽。公元前1500年，欧洲开始利用大麻，但又历经了2000年，它才成为欧洲大陆重要的纤维作物。

印度享用这种植物的麻醉特性已经有超过3000年的历史了，但也许是因为气温较低时该作物的药物含量会显著降低，所以直到18世纪欧洲才发现了这个特性。尽管如此，大麻仍然连续多年蝉联全球商品贸易量的冠军。大不列颠帝国的海军依靠大麻布帆船和大麻绳主导了地球七大洋（"帆布"一词的英文canvas，即源于大麻属的拉丁名Cannabis）。假如没有大麻，哥伦布就不会发现美洲，美国军队在"二战"期间便要裸体上阵。虽然有着伟大而辉煌的过去，但从纤维利用方面看，大麻如今在世界舞台上已成次要作物了；它的娱乐性药物价值通常还是非法的，甚至在一些地方，私藏大麻会被判以死刑。

植物学中，大麻与其亲戚啤酒花同属于一个相当小的植物家族。和啤酒花一样，它常常也是雌雄异株，且雌性植株受人喜爱。大麻的性别遗传控制机制特别复杂，日照时间和温度的特定变化会让雄性植株开出雌花。而反过来从雌性变为雄性则通过简单的去雄操作即可实现！

雌株向来被认为能生产最优质的纤维，并且比雄株的麻醉效果更强；因为不结种子，雄株在产油方面也几无价值。因此，多年来人们都倾向于选择雌雄同株的大麻，并选育不同的品种，用于制作纤维和娱乐。大麻性别组合形式的复杂性，导致人们发明了许多不同的术语来描述各式植物衍生的各类产品。这样的话，单词ganja（大麻）和marijuana（大麻毒品），虽然广泛指代任何性别的整个植株，但更是雌株花序顶端的专业称呼。这件事到了法庭上就变得很有意思了，因为自 1913 年起，在牙买加种植、进口、私藏或使用 ganja 都是非法的。牙买加法律里，ganja 这个词的原始功能是为了区分药用和纤维用的大麻。然而，在对 ganja 的严格定义下，种植、进口、私藏或使用大麻雄株便不属于非法行为了。单凭大麻叶的碎片，是几乎不可能通过技术判断植株性别的。这个事实可以作为辩词，因为雄株就跟雌株一样常见，单从理论上讲，仅有一半作物是违法物品。不过，尽管有牙买加岛上普遍把大麻当作娱乐性药物使用的现实和拉斯特法里教徒（Rastafarians）基于宗教原因欲使大麻合法化的压力，牙买加还是迫于美国的施压，逐年收紧了关于大麻使用的法律规定。这首先发生于 1937 年美国通过大麻税法案（Marijuana Tax Act）之后。报业巨头威廉·伦道夫·赫斯特（William Randolph Hearst）在游说该法案时非常活跃，还开展了一些活动，反对大麻的罪恶用途。考虑到限制大麻种植后大麻纸张制造业受到的影响，会大大提高赫斯特在木材纸浆和新闻用纸产业方面的经济利益，他的动机也许没那么单纯。

关于美国强加自己的意志给牙买加这个独立的国家，迫使后者立法限制大麻的使用，还有一个绝妙的讽刺。1776 年，当托马斯·杰斐逊（Thomas Jefferson）撰写《美国独立宣言》时，他用的便是大麻纸。而且，那张纸应该是来自乔治·华盛顿（George Washington）的大麻种植园，并由本杰明·富兰克林（Benjamin Franklin）的大麻纸制造厂加工而成。

榴莲

聊起"人类为什么会利用属性怪异的植物"时，若撇开榴莲不谈，那一定不够全面。榴莲是一种魁梧的热带乔木，土生土长于东南亚，高可达 25 米至 50 米。目前已知果实可食的榴莲属植物至少有 9 种，但只有榴莲（*Durio zibethinus*）这一种得到了商业化栽培。它的果实长可达 30 厘米，重可达 3 千克，生于主茎和主要分枝，而非树冠。该现象被称为"老茎生花"，在热带树种中并不罕见。这被认为与动物传粉或传播种子有关。人们发现，在马来西亚，榴莲的大花完全依赖穴居的狐蝠传粉。这种异常的传粉方式可能有助于解释榴莲为什么在该地区以外没被广泛栽植。

榴莲是"臭名昭著"的水果，有多少人喜爱它就有多少人讨厌它。许多著名的引述都尝试表达榴莲的味道和气味。引用最广泛的也许是博物学家阿尔弗雷德·拉塞尔·华莱士（Alfred Russel Wallace）给出的描述："它的果肉可食，黏稠性和味道难以形容。浓郁的奶油冻加扁桃仁味是最好的概括了，但阵阵飘荡的气味也令我想起奶油干酪、洋葱汁、雪莉酒和其他毫无关联的菜肴。果肉浓厚、黏糊糊、入口即化的感觉是其他任何水果都没有的，也增加了它的风味。它不酸、不甜、不多汁，但它不需要这些品质，因为它本身就是完美的。它不会使你产生恶心或其他不良的感觉，吃得越多，就越停不下嘴。"显然，华莱士是榴莲的忠实粉丝。榴莲迷们都奉其为水果之王，甚至很多人都说这是最好的食物。不过，榴莲经销商一定会对许多关于榴莲的描述感到哭笑不得。例如美国电视名厨安东尼·波登（Anthony Bordain）曾说过，"（吃了榴莲后）你的口气闻起来就像你和去世的祖母接了个法式吻"，旅行作家理查德·斯特林（Richard Sterling）形容榴莲的气味"像猪粪、松节油和洋葱，混合了健身房袜子的味道"。

人类关于榴莲价值的意见显然大相径庭。相比之下，野生和家养的动物却都超级喜爱榴莲。众所周知，大象、猩猩、猪，甚至老虎和灵猫都为榴莲心醉神迷。榴莲的许多俗称，如"灵猫树"和"灵猫果"即源于此。甚至它的拉丁名种加词"*zibethinus*"也来自印度灵猫（*Viverra zibetha*）。没错，灵猫爱吃榴莲，这种水果闻起来也有点灵猫的味道，然而榴莲的俗称是否与之相关就不确定了。

榴莲的人类粉丝常常指出，对它的嗜好是后天"修炼习得"的。这似乎是我们会吃多种反常或重口味的食物的一个缩影。这也可能说明，我们食用奇特的臭气熏天、火辣辣的或引起幻觉的作物，部分原因在于我们自身，而不在于植物。一些相关的化合物明显令人上瘾。但随着榴莲、辣椒之类的影响使我们的味蕾变得麻木不仁时，我们为取得与之前同等的效果就需要加大剂量。除了生物学解释，也许还有文化认同和文化地位的原因。吃些带点儿刺激的东西，可以使我们显得更具男人味，或者让我们感觉自己融入了某个群体。最后，"红皇后效应"（本章开篇讨论过）可能在发挥作用。通常烹饪中加入的香料的量也许能遏制导致食品变质的微生物的生长。而几乎没有细菌会被咖喱中的香料杀死（因为浓度不够高）。我们见证的恐怕是一场演化军备竞赛，参加竞赛的作物正投身于战斗之中，以保护自己免遭病菌和人类侵害。也许在演化道路上或人工选择中，植物正一代又一代地不断增强自身的毒性。然而，人类（和其他争着来掠夺栽培作物的食植动物、虫害和微生物）对此的反应也是改变、演化、适应，甚至痴迷于植物原本发明出来用于防御我们的化学武器。

第六章　历史的偶然

　　一些作物似乎优秀得难以置信。我们的祖先到底是怎么培育出不含种子的香蕉，或者让不相关的物种杂交产生全新的作物的？本章介绍了一些由于人类习惯将相关植物种在一块，致使它们无意间相互传粉而杂交出来的作物。我们将发现，尽管自然界中突变是惊人地罕见，但当你种了一代又一代的植物，种得足够多后，随机过程中总会中彩，进而创造出新的作物。

　　人类驯化作物已有 1 万年左右了。可直到 1900 年格雷戈尔·孟德尔（Gregor Mendel）的豌豆杂交实验被"重新发现"，我们才真正了解遗传法则。事实上，迟至 1676 年，当植物形态学家尼赫迈亚·格鲁（Nehemiah Grew）在英国皇家学会演说时，我们才开始承认植物特别喜欢性交。换句话说，在漫长的农业历程中，人类其实一直不太清楚自己在做些什么。曾经，驯化工作无非是寻找我们最需要或者仅仅显得特别的植物，然后通过种子或营养繁殖的方式培育它们，如扦插，或直接把植株一分为二，使其进行"自我复制"。尽管与无性繁殖相比，借由种子的有性繁殖能给下一代带去大量变异，若时间足够长，这两种繁殖过程都能把我们需要的遗传变异传递下去，使作物与野生种群分化开来。

在真正的自然环境，如加拉帕戈斯群岛上，群体遗传隔离对促进物种快速变异，并从亲本群体中分化出来很重要。类似的过程曾发生在作物驯化期间。在持续的全球殖民时期，我们的祖先运输了作物，但他们不知道保持遗传多样性的重要性；当他们迁徙到新地方时，肯定只随身携带了少量种子。这种无意识的重复采取基因子样本的过程导致了遗传变异的稀释，使作物发生遗传漂变。因此，即便没有变幻莫测的时尚饮食、地方偏好或地域选择，随着作物经由农民在世界各地传播，也可能产生大量不同的地方性品种。

一方面，种群的遗传隔离对自然界中演化速度的提高具有非常重要的推动作用，另一方面，这也经常导致作物新品种的产生。人类是流动性很高的物种。在殖民过程中，我们必然会随身携带庄稼浪迹天涯。同时，我们可以接受新的植物，并在我们熟悉的作物旁边栽种相似的当地植物。就这样不知不觉地，我们让老式作物与其关系疏远的野生近缘种发生了杂交。如此无计划的杂交，有时候是与野生近缘种发生，有时候出现在栽培种身上。我们熟悉的作物品种经常生长在它们新近邂逅的当地替代品旁边。这类意料之外的杂交竟对作物驯化过程十分重要。该过程兴许是完全自发进行的，但它只有在人类通过农业实践活动反复且无意识地做了大规模遗传学实验之后才会发生。纵观我们的农耕历史，对遗传缺乏科学认识的种植者依旧收获了数以百万计的植物。这种情况下，他们便偶然遇见了自然界中那些极端稀有的"怪物"。若不是我们的关注，这些意料之外的作物杂交种大部分将没法茁壮成长，它们会快速消失，一如它们快速形成。确实，人类的大多数作物到了野外都无法生存，而农民和种植者是因为懂得满足它们挑剔的要求，才使它们勉强活下来的。可我们却仍旧视之为"纯天然"事物。

在本章我们将发现，人类曾把不同植物种在一起，于是不知不觉间促进了亲缘关系较远的物种发生性关系，正是这样的好运和历史巧合，致使许多重要的农作物诞生了。如果你想抽中彩票，那好运气是必需的。看来在驯化过程中，农学家已经抽中了不少彩票。然而，这得是你购买的彩票数量足够大，才可能撞见好运气。用实验田里所能种植的植株数量乘以过去 1 万年间的收割次数，你便能够理解，为什么说那么多作物是不可思议的变异和小概率独立发生事件的结果。

草莓

还有什么能比一碗新鲜的奶油草莓更具英国传统范儿？好吧，答案是几乎任何东西，因为拥有美国血统和法国国籍的草莓 [1] 成为温布尔登（Wimbleton）的一道重要景观 [2] 的时间还不到 300 年。而且，栽培的草莓与生长在英国野外的物种关系疏远，其染色体数量是后者的 4 倍。[3] 这个差异不单是件数学奇事，也对现代水果的培育产生了重要

---

[1] 从草莓的学名 *Fragaria × ananassa* 可看出，草莓是对一类草莓属杂交种的统称。

[2] 暗指国际著名的温布尔登网球比赛，"奶油草莓"是温网赛事期间最重要的一道特色甜品。

[3] 市售的现代草莓品种都是染色体数目加倍以后的 8 倍体，而一般的野生种几乎都是 2 倍体和 4 倍体。

影响。染色体数目少的草莓总是开出兼具雌雄蕊的两性花，那些染色体数目多的通常像人类一样雌雄异体，即整株植物只开雌花或开雄花。最后说明下，新鲜草莓的传统吃法是加入糖和红葡萄酒，而不是奶油。

草莓的起源一直被描绘成一个男孩邂逅女孩的浪漫爱情故事，但真实情况可能是更多关于性的挫折。故事开始于 1556 年，弗吉尼亚草莓（简称弗州草莓）首次从北美洲漂洋过海，抵达欧洲。美洲的印第安原住民采收这种水果给饮料和面包调味，看来他们将该植物种在了新英格兰的树林和草地中。弗州草莓不比英国本土的草莓大多少，但引进它却被誉为一个伟大的进步，因为它的味道很美妙。

最初种植弗吉尼亚草莓的尝试遭遇了多次失败。直到 1624 年，人们才成功掌握栽培技术。原因是这种植物的野生种几乎全为单性，即个体有雌株和雄株之分。那时候，社会尚未充分了解生命的基本原理，不知道雌性和雄性结合能产生后代的规则同样适用于植物王国。大概是对这一事实的无知，使得早期草莓种植者明显偏爱能够结果的雌株，而抛弃了不能结果的雄株，其结果自然是灾难性的。直到有人万分幸运地撞见一株稀少的雌雄同体的草莓，它的花中既长着雌蕊，又长着雄蕊，从而确保自己成功结实。随后，整个情况似乎更混乱了，因为欧洲另有一种看起来和野草莓几乎相同的常见植物，叫草莓委陵菜[①]，属于委陵菜属，但又以"不育草莓"著称。其实并非草莓委陵菜天生不孕不育，而是它根本不能生产草莓。所以，当时的种植者深信，不是一切草莓植株都有能力结果。那时候的植物学教材也

---

① 英文名 barren strawberry，学名 *Potentilla sterilis*。草莓和草莓委陵菜同属于蔷薇科，但位于不同属，是两个截然不同的种。

把这两个物种合到一块。虽然它俩看起来可能非常相像，但基于现代 DNA 研究手段的分类学已表明，两者的亲缘关系并没那么亲密。

就这样直至 1714 年故事才有了转机：欧洲人从南美洲引进了大果型智利草莓。法国海军军官阿梅代·弗雷齐耶（Amedée Frézier）从旅途中带了 5 棵草莓回凡尔赛。悲剧的是，这 5 棵草莓全为雌性，甚至有可能是来自同一株植物的匍匐枝。似乎没有人想起 100 年前关于弗州草莓的教训。这个时期的人都已晓得花是一种繁殖器官。即便如此，那 5 棵草莓仍被分发到各个花园，接着创造了 30 年不结实的奇迹。在这漫长又沮丧的无果期之后，通过隔行栽植智利和弗州的草莓，情况才变得明朗，南美洲的雌株终于可以受粉并结出硕大的果实了。然后，在不明不白的时间和不清不楚的地方，这套草莓栽培体系创造出了现代草莓品种，也就是众所周知的菠萝草莓。因此现代草莓杂交种是南美洲 1 棵雌性亲本[1] 乱伦的产物，这棵雌株在作为奇珍异宝展出期间[2]，惨遭剥夺性欲超过 30 年，而后被迫与一个性趣古怪的近缘种交配。这样的爱情故事简直没啥浪漫可言了。

这类杂交事件也许发生过好几次，但到 1766 年，法国人安托万·尼古拉斯·杜谢恩（Antoine Nicolas Duchesne）才第一个意识到那款草莓新品种具有两个美洲近缘种的中间特性。他通过杂交实验证实了自己的观点。一些杂交子代的两性花能自花传粉，结出大而美味的果实。杜谢恩成功重建了现代的草莓品种。可惜，法国大革命打断了他的研究，直至 20 世纪，人们才接受了他的理论。

---

① 指来自南美洲智利的草莓。前文提到，法国军官带回的 5 棵智利草莓很可能全部来自同一株植物，这意味着"5 棵"实际上只是"1 株"，而且是 1 株单性个体，无法受粉育果。

② 指这棵雌株被引种到异地花园后，因得不到花粉而无法结实，犹如展览品般毫无繁衍价值。

图 6.1　草莓栽培种并非源自它在欧洲的野生近缘种。
但容易引起混淆的草莓委陵菜却在这个故事中扮演了重要角色。
草莓委陵菜的外表很像野生草莓，但不会结出草莓那样的果实。

小麦

商家在兜售面包及其制作原料小麦时，常用一套朴实的宣传语，如天然、纯粹和健康。电视广告播放着往昔乡村田园风光的照片，一片片金黄色的成熟谷物沐浴在夏日阳光中，生活简单又缓慢，人与大自然和谐共处。实际上，这种焕发着荣耀之光的禾草，经由人类调教后，已从无名小卒上升为地球上最出名的植物明星，也由于远离自然界太久，近千年来它都没法在野外生存下去。如果没人栽培，"作物之王"小麦将在一两年内退出历史舞台。

人类培育小麦已有 1 万年左右的历史，《圣经》第一卷便记录了一条劳作信息。然而，小麦的起源异常复杂，远非简单或自然地发生，连现代基因工程都惊叹于它的复杂性。不同于我们今天关注的只插入一两个异源基因的转基因作物，小麦本就是一个令人震惊的三系杂种，集结了小麦属 3 个不同物种的全部基因。为了理解这是怎么发生的，我们需要从基因层面去了解性交机制，而不能停留在《欲经》（*Karma Sutra*）[①] 水平上！

生物繁殖的本质是来自两个个体的性细胞融合为一个新个体，这几乎不用解释。有性融合的一个先决条件是性细胞必须先各自分裂，减少一半遗传物质。大多数生物体的细胞含有两套染色体，分别来自父母双亲。染色体虽然形似香肠，却比香肠大概小了 100 万倍，并包含携带遗传信息的 DNA。细胞分裂，产生卵子和精子，或胚珠和花粉，该过程被生物学家称为减数分裂。它涉及亲本的染色体配对，即

---

① 一本从古印度流传下来的性爱宝典。

来自父本的每条染色体会和来自母本的同源染色体配成一对。在给亲本的基因"洗牌"之后，细胞分裂成了两个同等的子细胞，每个子细胞包含每对染色体中的一条。假若分裂失败，那每一代的后代都将拥有两倍于亲本数量的基因。确实，已知某些作物的驯化过程中出现过这种事，但出现在小麦身上的情况更加复杂。

　　如果两个不相关的物种发生了性关系，那它们杂交产生的后代通常是不育的。因为，杂交种进行减数分裂时，来自不同亲本的染色体找不到与之配对的同源染色体，进而终止分裂了。不过，像这样"夭折"的细胞分裂过程偶尔也能产生有生命力的细胞，这些细胞包含亲本的所有染色体，即染色体数目加倍了。因此，加倍的子细胞及其后代变成了完全可育的。严格地讲，这其实是瞬间形成的新物种。如此加倍，为每条染色体在减数分裂期间提供了相配对的"同源伴侣"。尽管恢复了生育能力，但是由于它们现在集结了亲本双方的所有染色体，新的杂交后代个体之间便不能再和亲本中的任一方杂交了。可在小麦的演化旅途上，这般神奇的创造一个新物种的杂交方法不止发生了一次，而是两次。

　　小麦的起源可一直追溯到新月沃土（Fertile Crescent）的圣地。在那里，至今仍偶尔可以看到一种被叫作一粒小麦的原始谷物，它体内只有一套染色体。科学家一度以为，一粒小麦是现代小麦的三鼻祖之一。然而最近的研究指出，两种血缘关系较远的野生禾草，红色一粒小麦（*Triticum urartu*）和拟山羊草（*Aegilops speltoides*）之间的关系存有疑点。它俩的杂交后代被种在印度、地中海和美洲部分地区等更干旱的地方，人们用它制作意大利面，由此送给它一个毫无想象力的俗称"意面小麦"，又名硬粒小麦（*T. turgidum*）。

硬粒小麦具有两套染色体，在它也陷入其野生近缘种之一的性诱惑之前，也许已有好几百年的栽培历史。这一次，硬粒小麦的通奸对象为节节麦（*T. tauschii*）[①]，这是中东地区的谷物田地里至今仍长着的一种讨厌的杂草。二者杂交产生的后代包含六套染色体，三个亲本分别贡献了两套。人类还栽植了小麦属的其他杂交种，但都不像小麦本种（*T. aestivum*）那样能够广泛分布，而且衍生出几千个品种。人类总是从大自然中快速习得知识，自 20 世纪 30 年代以来，人类一直用同样的加倍杂交方法推动这一进程。人们把硬粒小麦和小麦与黑麦进行杂交，培育出全新品种——强健的黑小麦，分别拥有六套和八套染色体。

与现代实验室的基因工程技术相比，传统的优质小麦是通过天然杂交事件形成的，没有刻意谋划或制造。但我们无法回避一个事实：杂交是一种大规模的基因改造工程。发生这样小概率的"天然"随机事件，仅仅是因为人类几千年来栽培了数百万株小麦，并仔细筛选和照料一代代没有能力独自生存的植物，从而不知不觉地组装出了符合人类喜好的小麦品种。

小麦的故事对近期公众关心的转基因食物有什么启发意义吗？答案也许是肯定的。小麦的亲本之一节节麦，曾将自己的一个基因转移至小麦体内，这个基因编码合成谷蛋白（即麸质）。该遗传物质能使小麦的谷粒产生大量蛋白质。谷蛋白是面包制作过程中的关键元素，因为它能捕获面包酵母生产的二氧化碳气泡，以使生面团发起来。将生面团置于水龙头的流水下，冲洗掉它的淀粉后，剩下的便是有弹性

---

① 节节麦的英文名是 goat grass，现已被并入山羊草属，拉丁名随之变成 *Aegilops tauschii*。

图 6.2　小麦在西方文明发展进程中起着至关重要的作用，
对它的培育是一系列幸运的意外事件的结果。

的蛋白纤维了。所以，谷蛋白基因十分重要，没有它，我们的面包将变得又硬又重。不幸的是，少数对谷蛋白过敏的患病人群，会因肠道受刺激而出现慢性腹泻。如果一个分子遗传学家致力于往一种重要的基本粮食作物中插入一个基因，却导致了这样巨大的不愉快后果，那该项目将被立即停止。除了对人体健康产生影响，小麦甚至给我们的环境带去了更显著的效果。作为地球上最重要的农作物，数百万公顷的土地已献身于栽培小麦的事业。此外，养活了超大规模人口的小麦让全球生态系统也遭受着进一步的伤害。这种特殊的转基因作物所造成的影响几乎难以想象。或许是时候开展一场禁栽小麦的运动了。

香蕉

大众媒体常常兴奋地告知我们，欧盟官吏打算规范一下"何为直的香蕉"。这些新闻背后的真相颇具讽刺意味：香蕉是能被规范的吗？当然，在欧洲大多数超市货架上躺着的香蕉，除了价格外，其他方面并没有什么差异。与之截然相反，整个热带地区的香蕉栽培种却是惊人地多变，以至于我们都没法定义物种了，试图统归于单一的学名也是徒劳无功的。

"香蕉"这一俗名涵盖了芭蕉属的几个自然种，和由它们相互杂交出来的一系列复杂的品种。作为专业名词的"香蕉"一般指栽培以供生吃的芭蕉属植物，术语"大蕉"则代表了一类更大、更有棱角、需要烹饪后才能食用的品种。不过香蕉也可以煮着吃，大蕉也可以生吃，在某些地区这两个词意思是相通的。另外，栽培这些植物不单是为了收获它们的果实，也是为了它们的纤维、叶、茎和树液，还能用于观赏和给其他植物遮阴。

大部分可食用的香蕉和大蕉只来源于两个野生种：小果野蕉（*Musa acuminata*）和野蕉（*M. balbisiana*），麻烦的是它俩没有英文俗名。第一种被栽培的芭蕉属植物可能是生于马来西亚潮湿森林的小果野蕉。在野外，大多数小果野蕉植株结出的果实均含有大大的种子，但若未经受粉（通常是由蝙蝠传粉），一些个体却会长出无籽果实。通过选择雌性不育——不结种子却能结果——的植株，人类打造出了第一款食用香蕉。接着，香蕉栽培扩大至北方季节性干旱的季风区，在那儿，小果野蕉邂逅了野蕉。仿佛天雷勾动地火，由于前者还能非常偶尔地孕育种子，这两个种第一次杂交便成功了。

大多数动物只拥有两套染色体组（分别来自父母双方），叫作"二倍体"。但植物对额外的染色体副本往往更加包容，香蕉便是突出的代表。其所有染色体组合，肯定是小果野蕉和野蕉的杂交后代之间发生了淫乱性关系的结果。我们用字母 A 代表一套来自小果野蕉的染色体组，用字母 B 代表一套野蕉的染色体组，那么目前栽培的香蕉品种便包括：AA、AB、AAA、AAB 和 ABB。诸如 AAAA、AAAB、AABB 和 ABBB 之类的染色体组数更多的杂交品种也频频出世。一般来讲，普遍认为作为水果生吃的香蕉仅含 A 染色体组，大蕉则包含至少一套 B 染色体组。染色体组数少的个体生产的果实往往比多倍染色体的小，皮也薄。这样一群变异广泛的品种被统称为"香蕉"，主要包括：胖的和瘦的，直的和弯的，甜的和多淀粉的，

图 6.3　许多香蕉是雄性不育的，但仍保持雌性生殖功能。
如果恰好有野生近缘种提供花粉，那它结的果实就可能含有大大的种子。

餐桌植物简史

以及红色的和绿色的。你能在超市货架上一眼认出它们。

同时，除了这一大拨复杂的杂交香蕉外，还有 3 种与香蕉血缘关系较远的芭蕉科植物。一种是来自菲律宾的蕉麻，顾名思义，种植它是为了它的纤维。人们用它制作结实的绳索和不太结实的茶袋。埃塞俄比亚高原的粗柄象腿蕉也因为纤维而被种植，而且它的淀粉茎通常可供食用。科学家认为这两种植物的栽培历史很长，但因为缺乏直接的证据，不能确定它们现在生活的地方就是人们最初栽种它们的场所。最后，人们还栽培了具有古铜色厚皮的波利尼西亚染料香蕉，不管是烤还是煮都很好吃，而且它的汁液可以用于生产红色墨水。

收获香蕉也许是个肮脏的活，因为所有香蕉的汁液都能给衣服抹上难以擦除的污渍。即便如此，人们还是在很多方面用到它。中美洲的百姓会切割近地面的茎干并挖空树桩顶部，以收集红香蕉的汁液作为春药。或许你会惊讶，香蕉的性寓意仅此而已。据说，印度教徒视这种植物为生育力的象征[1]。然而这竟归因于香蕉一年四季都能结实，他们大概太天真了。

柑橘

每个人都以为自己能够鉴别甜橙或者柠檬。然而，我们栽培这类叫作柑橘属的来自热带和亚热带的灌木状乔木这么久，经过几千年的杂交和筛选，要想区分属内成员已不像你以为的那么容易了。这种情况在作物身上并不少见，但面对柑橘属的变化，人类似乎更焦头烂

---

[1]　前文介绍过，香蕉通常结无籽果实，即果实里不含子代生命体。这对"生育力的象征"是个莫大的讽刺。

额，因为它们有无籽和无性的变种。

柑橘属有一个在植物界并非独有的特点：柑橘属能够生产看似完全符合标准的种子，但它们不是有性生殖的产物，实际上，从遗传学角度看，柑橘类子代和母本是一模一样。没错，意思是子代乃克隆体。格雷戈尔·孟德尔的遗传学实验具有先锋性，它之所以被忽略那么多年，一个真实原因是孟德尔未能重复他对遗传规律的观察研究。倒霉的是，他的第二个实验物种，即柑橘属植物，可以无性繁殖产生种子[①]。而且种子里能包藏多个胚，这意味着仅播种一粒甜橙种子有可能长出几棵树苗。其实，人们常常发现一粒甜橙种子可以同时包含母本的克隆胚和由两性结合形成的胚，后者才是克隆胚母本的真正子代。

柑橘属果实中存在一个趋势，人类越是密集地培育它们，它们就越可能通过无性繁殖产生种子。因此，甜橙、葡萄柚和柑橘都相当喜欢无性繁殖，部分柠檬和来檬也是这样，香橼和柚则喜欢有性生殖。这层关系有着充分的逻辑基础，因为任何作物的驯化过程总会部分涉及优质品种的筛选。一旦实现这个目标，种植者感兴趣的将是品种遗传性状的稳定——还有什么品种比一个偏好无性繁殖的物种更能保持性状稳定的呢？但此处存在一个问题。这一切都发生在孟德尔实验之前数年，那时候人类尚不了解遗传学机制。单纯选择无性繁殖品种当然不错，但它也十分限制未来杂交和植物育种的范围。

尽管过着这样毫无性欲的生活，柑橘属仍会想方设法生产一些不尴不尬、血统不清的混血儿，比如葡萄柚。哥伦布第二次航海至新

---

① 作者实际上说的是植物的无融合生殖现象，即雌雄配子不结合，种子里却仍旧发育出胚的无性繁殖方式。这在芸香科中十分常见。

餐桌植物简史

大陆的时候，美洲还完全不识柑橘属。然而，1750 年有报道首次称，巴巴多斯（Barbados）岛上好像已经自发长成了葡萄柚。但它是从哪儿起源的？意见存在分歧。也许是柚的一次意外突变的成果。（柚的英文名为 pummelo 或 pomelo，也叫 Shaddock，后者取自沙道克船长［Captain Shaddock］之名，他曾把这种大型柑橘属果实引进到巴巴多斯岛，不过当时这位法国人管它叫 pamplemousse，听起来更像童话里的某种东西。）又或者葡萄柚大概是甜橙和柚私通的产物，事情就发生在炎热的加勒比海之夜！这可能是葡萄柚最初取名为"巴巴多斯禁果"的原因吧。不管它出身如何，葡萄柚确实一直没有摆脱这些陋习。之后它随机突变，产生了粉色果实的葡萄柚；或者更专业地，借助转座子（物种 DNA 中会改变位置的一种基因）实现了这一过程。众所周知，由于这些"跳跃基因"的作用，黄色果实型葡萄柚的分枝上开始奇迹般地生产具有红宝石颜色之果肉的水果了。接着，葡萄柚与柑橘交配并诞下爱情的结晶，无奈该混血儿相貌平平，遂得名"丑橘"。

大黄

"大黄"的英文名 rhubarb 已经承载了一个常用词义：胡言乱语 ①。据说这和演员默念台词、模拟场景对话有关。鉴于此，"大黄"一词还可用来描绘西欧引进和利用它的混乱局面。

关于引进大黄的标准故事相当简单。古往今来，欧洲本草学家一直使用一种名为大黄的植物，至少可追溯至古希腊，该地区可能从俄罗斯南部或中国引进了干燥的块根。中医把它作为泻药使用，这

---

① 原文为 nonsense or rubbish。

可追溯至公元前 2700 年。16 世纪，早期开拓南美洲的欧洲先锋队开始踏上归途，他们没有从传说中的黄金国（El Dorado）带回金子，却带回了梅毒。接着引进和培育大黄的比赛开始了，因为人们认为它的根浸液可以治疗梅毒和淋病。马可·波罗曾大肆吹捧大黄，以至于干制大黄块根可与香料和鸦片的贸易重要性相匹敌。彼得大帝（Peter the Great）设立了大黄买卖的国家垄断权，中国则禁止出口它的种子。

1573 年，故事的转折点出现了，欧洲人发现自己犯了一个错误，他们引种的大黄并不是想象中具有医疗作用的中国大黄（*Rheum palmatum*），而是"食用大黄"（*R. rhaponticum*）。这个冒名顶替的物种便是我们如今习惯用来搭配奶油蛋羹一起吃的一种果蔬，但古时候栽培它仅仅是为了它的根。很快欧洲人意识到，这种新来的大黄没有能力践行治病的使命，本草学家约翰·杰勒德直接称之为"混账大黄"。不难想象，当古人期盼已久、寄予厚望的梅毒治愈方案失败时，他们是多么地激愤！尽管如此，近 200 年后，即 1763 年，正牌的"中国大黄"才终于从俄罗斯迈入欧洲。在英国，中国大黄的栽培得到了艺术、制造与商业促进学会（Society for the Encouragement of Art, Manufactures and Commerce）的支持，他们为那些大量种植中国大黄的人颁奖，以资鼓励。不过，英国的泻药市场出现暴跌，使得中国大黄的栽培从没真正繁荣起来。相反，法国人味觉灵敏，发现食用大黄的叶柄还挺好吃，继而推动"冒牌"大黄进军伦敦的水果市场，那大约是在 19 世纪初。

这个故事招惹了一些麻烦，因为许多证据都与它唱反调。成书于

1640 年左右（在乌龙地引进食用大黄之后，到引进真正的中国大黄之前的一段时间）的《库尔佩珀本草志》（*Culpeper's Herbal*）指出，这两种植物都有在英国栽培，而且和进口的任何一种大黄一样状态良好。此外，该书还介绍了食用大黄被用于烹饪或制作糕点，这意味着它已成为广泛食用的东西。另有一些奇怪的记录，来自牛津郡班伯里（Banbury）的一名叫海沃德（Hayward）的药材商，大概在 1777 年种植和售卖了 1762 年来自俄罗斯的食用大黄的种子。可疑的是，这个时间接近中国大黄被引进的假定日期。据说海沃德的大黄能制成优质药品，装扮成土耳其人的男子会将其当作正宗的中国大黄沿街叫卖。看起来，这或许是食用大黄冒充中国大黄的一个骗局，那时候中国大黄又以"土耳其大黄"一名为人熟知。无论海沃德的大黄背后藏着怎样的真相，我们知道，在他死后他的子孙接手了他的种植园，而班伯里周围的那些大黄田至今依旧被耕作着。因此，若班伯里的好人们比其他英国人排便更有规律，那么老药材商说的就是真话了。

当用种子栽植食用大黄时，产生的子代个体之间会出现很大变异，这让上述故事更为混乱不堪。因为事实有力地表明，食用大黄根本不是一个纯粹的野生种，而是起源于一些未知的杂交种。这种情况下，它从哪里来呢？故事的最后一个转折点是，在这个故事的法国版里，他们坚定地认为是英国人第一个发现了大黄的食用价值。与其他多数关于大黄的故事一样，矛盾与市场营销的关系更大，与真相如何关系不大。

关于食用大黄的几件趣闻中，还有一件广为人知的事：它的叶有毒。确实，很多人质疑它的叶，甚至不肯把它放在堆肥堆上。虽然大黄叶真的包含有毒的草酸，可引起喉部和舌头肿胀，但它的毒素浓度特别低，人们吃下 5 公斤大黄叶才会致命。因此，如果谁想取一点毒药倒进妻子的茶里，恐怕就不用考虑大黄叶了。虽然大黄未必是理想的毒药，但它可以作为一个很好的例子来说明偶然的引种、杂交和意外发现在作物的起源中所起的作用。像其他许多栽培植物一般，大黄在野外也是寂寂无闻，第一批种植大黄祖先的人当年恐怕很难预见到他们的行为将导致怎样的结果。

纵观驯化历程，随机突变与人类对遗传学的无知看起来对创造新作物发挥了重要作用。从大黄之类的次要作物，到支撑我们生存的小麦一类，无不如此。这些才是真正的"弗兰肯斯坦食物"[1]。传统农业并不光驯养了野生生物，还创造出自然界原本没有的植物。今天，我们的许多主食作物已经远离自然生态系统了，如果不是农民和种植者辛勤劳作，收获并传播早已失去自我散布技能的种子，它们将在一代之内灭绝。同样地，农学家绞尽脑汁、千方百计地保护作物免遭病虫害，只因我们不喜欢许多作物的苦味，进而削弱了它们的防御装置。有趣的是，我们最初对苦味化学物的察觉能力应该是自然选择的结果，它赐予我们探测生物碱的工具，以使我们避开有毒的植物。

---

[1] 《弗兰肯斯坦》(Frankenstein) 又名《科学怪人》，是西方第一部科幻小说，故事梗概是一个疯狂的科学家弗兰肯斯坦用残肢组装出一具丑陋的尸体并复活他，随后弃之不理，接着这具"活尸"由于遭受人类歧视和羞辱，盛怒之下掐死了科学家身边的几个亲友，最后与科学家一同死在北极。这部小说对现代科技引发的伦理争议具有重要的启发性，西方社会常用"弗兰肯斯坦食物"比喻转基因食品。

第七章　经典组合，回归主题

我们已经知道，一种野生植物被选中用于驯化的概率是相当小的。然而，一小部分科曾多次独立地为我们提供了重要的作物。本章试图找出使这些植物家族变得与众不同的原因。它们生产的种子或果实似乎都易于储存，或者叶的采收季很长。除此之外，事实证明这些植物的营养特性恰好和人类的农业需求相得益彰。

有人说，猪除了哼哼的叫声外，其身体的每个部分都被人类利用到了。尽管猪的用途如此多样，但我们利用植物的方式其实更加丰富。尽管就一切能够获取的植物而言，我们常吃的种类相当少，可我们发现每种植物都有无穷无尽的巧妙用途。我们一边品尝果实和种子，一边发掘植物的根和地下贮藏器官。我们引流植物的汁液制成橡胶，或者熬制成浇在松饼上的枫糖浆，或者酿造桦树汁酒。更为黏稠的植物汁液可为我们提供清漆、胶水和松香。未开放的花蕾带给我们与众不同的丁子香和山柑之味，还有风味相对家常的花椰菜。我们采收番红花的花柱和柱头，获取藏红花香料；同时搜刮龙舌兰花里的花蜜，制作一系列甜品。树皮可变作各式各样的物品，如软木塞、肉桂及建造独木舟的材料。我们用棉花和亚麻的纤维编成织物，并提取植物色素给其染色。包裹着木棉种子的蓬松柔毛填充了我们的枕头和泰迪熊玩偶。制药业和香水业利用植物王国的生化物质多样性，帮助我们保持身体健康，又飘香迷人。我们收获越来越多的油料作物，用来生产塑料、驱动汽车或者满足我们高能源需求的生活方式。几个世纪以来，我们已学会根据树种名称判断木材的用途。所以，纺锤树的木材被用于制作纺羊毛的纺锤，箱了树则是……以此类推，你懂的！①

我们对植物的利用方式五花八门，简直令人目瞪口呆。概括地讲，人类栽培的粮食作物，可被粗略地归为一类花结构简单、容易授粉，同时能为我们提供必需营养物或有趣味道的植物。满足这些条件并不难，于是，我们的食谱一般囊括了各种各样的草木。但有 4 个科的植物从全球可获取的 620 个科中脱颖而出，因为它们经受了一遍又一遍的驯化。和早期农耕文明相关的每一个作物起源中心，似乎都不约而同地选中了这 4 个科的植物作为驯化对象。它们是哪些科？又分别拥有怎样的魅力使自己成为潜在的食物来源呢？

以下为驯化作物的 6 个主要起源中心，以及每片地区所驯化的 4 个科的植物：禾本科、豆科、葫芦科和苋科（包含传统的藜科②）。

---

① 纺锤树指卫矛属（*Euonymus*），英文名 spindle tree，spindle 有"纺锤"之意为"spin"。

② 在基于分子生物学证据而建立的被子植物 APG 系统中，藜科已被并入苋科。

每一个古代农耕文明都发展出了与当地特有作物相关的传统美食。

墨西哥和中美洲

　　禾本科：玉米

　　豆科：荷包豆、小籽菜豆、棉豆和尖叶菜豆

　　葫芦科：南瓜类、佛手瓜、西葫芦、青葫瓜和银籽南瓜

　　苋科：藜麦、阿兹特克藜麦和一些苋属植物

　　经典美食：豆泥和玉米饼，炖豆角和玉米饼，黑豆玉米烙。

南美洲

　　禾本科：玉米

　　豆科：棉豆、大籽菜豆和花生

　　葫芦科：冬南瓜和榕叶南瓜

　　苋科：藜麦和彩藜

　　经典美食：阿根廷、玻利维亚、智利和厄瓜多尔的国菜是用玉米、豆类和南瓜做成的味道浓郁的炖菜，叫作洛克罗（Locro）。这道炖菜在不同地方还有多种"变型"，会加入其他配料，比如马铃薯、各种肉类和辣椒。

地中海和中东地区

　　禾本科：小麦、燕麦、大麦和黑麦

　　豆科：豌豆、蚕豆、兵豆和羽扇豆

　　葫芦科：甜瓜

苋科：甜菜、莙荙菜和藜

经典美食：鹰嘴豆泥和皮塔饼，Chobra frik（阿尔及利亚碎麦粒和鹰嘴豆汤），Chakhchoukha（粗面粉薄饼和炖鹰嘴豆）。

非洲

禾本科：稷（即小米）、高粱和苔麸（*Eragrostis tef*，一种埃塞俄比亚高地的谷物，也被称为威廉姆斯画眉草）

豆科：豇豆、班巴拉豆、扁豆和球花豆

葫芦科：甜瓜、葫芦、牡蛎瓜和西瓜

苋科：假刺苋（*Amaranthus dubius*）和青葙

经典美食：整片非洲大陆不同地方流行的食谱各有千秋，但是上述作物的重要性使它们成为食谱里反复出现的主角。在尼日利亚，人们用 Moin moin（一种蒸豆布丁）拌着 Ogi（小米稀饭）一块食用。这和 Shiro 类似，那是埃塞俄比亚一种用蚕豆或鹰嘴豆做成的糊，当地人把它涂在名叫 Injera 的苔麸薄饼上食用。尼日利亚的约鲁巴人把 Iru（发酵过的球花豆）配着用烤南瓜子和青葙或菠菜叶做的瓜子汤一起食用。在非洲南部的大部分地区，玉米粥拥有千差万别的地方俗称，如 Sadza、Pap 和 Putu，它通常和一款叫作 Cankalaka 的豆制品搭配食用。

中国

禾本科：稻和稷

豆科：黄豆、赤小豆和蚕豆

葫芦科：冬瓜

苋科：沙蓬米和苋菜

经典美食：炸豆角，豆腐拌饭，绿豆芽炒饭。[1]

印度

禾本科：稻

豆科：鹰嘴豆、绿豆、木豆和黑吉豆

葫芦科：黄瓜、苦瓜和丝瓜

苋科：菠菜

经典美食：印度素食包括这些作物的各种组合，各类食材被一同烹煮，或被摆放在一个盘子中。例如 Bisi Bele Bath（热扁豆饭）、Dal Puri Roti（豌豆薄饼）、Mujaddara（煮兵豆拌燕麦）。

粮食文明

很多人认为禾草相当无趣。然而，谷物可能是所有植物中最重要的作物了。没有它们的话，人类文明可能真的没法发展。这些禾草作物经常被赋予深刻的宗教意义。人们祈祷是为了确保"我们每天都有面包"，诸如"生命之粮""天堂之食"的短语也强调了它们的重要性。几种毫不相干的分布在世界各地的禾草已被驯化成人类的主要粮食。有一些因素促使它们成为优秀的潜在作物。首先，多数禾草为一年生植物，人类可以每年收割它们，接着在刚刚犁过的田地上重新播

---

[1] 不知读者朋友听说过这些"经典"的中国美食吗？

种。其次，与大部分植物不同，禾草不依靠化学毒素抵御害虫，而是利用叶片粗糙的富含二氧化硅的锯齿边缘部署了物理防御装备，所以我们丝毫不怕吃禾草中毒。再者，能量富足的禾草种子又干又硬，可存放较长时间，或者在丰收和歉收的地区之间进行交易。最后，一些禾本科作物，如玉米、高粱、甘蔗和苔麸都演化出了一条名为C4的高效光合作用途径。这套改良版代谢方式使它们的产量比C3植物高得多，尤其是在干旱或营养贫瘠的条件下。C4、C3是指光合作用生化途径中，产生的第一个分子的碳原子个数。在我们已知的植物种类里，只有3%采取了C4光合作用途径，但它们固定的碳量却占陆地植物固碳总量的30%。因此，C4植物对全球气候有着重要的影响。大约650万年前，C4禾草才变得丰富多彩，并走遍世界各地的平原和热带稀树草原，这多亏了它们能够经受住大型哺乳动物的啃食。之后，这条优越的C4光合作用途径降低了大气中二氧化碳水平，相应地，全球气温也下降了。

也许，禾草不仅帮助了全球人类文明崛起和气候改善，还极大影响了海洋生态系统。它们用来保护自己的硅酸盐最初在许多区域并不常见，包括世界各大海洋。随着禾草演化出C4代谢方式，硅酸盐被冲入河川，最终流进海洋的数量急剧增加。接着，一类叫硅藻的单细胞浮游植物的数量随之上升。硅藻具有硅质"骨架"。在陆地禾本科植物演化之前，由于受到海水中硅酸盐含量低的限制，硅藻一直比较少见。如今，它们随处可见，且被视为地球上发生光合作用的主力军。硅藻和禾草一样，为降低大气中二氧化碳水平及全球气温做出了重要贡献。可有些人却仍然认为禾本科植物沉闷乏味！

无处不在的豆类

农作物中第二重要的植物家族当属豆科。与豆类有关的记载涉及了超过 23,500 种植物，这大概相当于一切已知植物种类的 8%。和谷类一样，豆科作物也在所有早期农业文明中心经历了相互独立的驯化过程。无论你走到哪里，人们都已经种下了豆子。

新石器时代，蚕豆首先在近东地区被驯化，并为古希腊人和古罗马人所熟知。他们进献豆饼给他们的神，选举时把豆子当作选票，黑色的豆子代表否决票，白色的豆子代表赞成票。蚕豆原本很小，呈黑色；而现今的品种都很大，颜色有绿有白。古希腊科学家迪奥斯科里德斯（Dioscorides）的著作表明，早期人类已晓得，过量食用豆子会引起胃胀气和思维迟钝，极端情况下还导致不孕不育。我们不妨由此推断，他们要小心翼翼别给阿波罗神献上太多豆饼，以免激怒天神。

纵观欧洲历史，有文献记载，鉴于蚕豆对上流社会交际的影响，它被列入贵族菜肴的黑名单。更严重的灾祸是蚕豆病——一种由蚕豆引发的遗传性过敏症，它能破坏血红细胞，导致贫血，特别常见于伊朗及地中海周边地区。不过，这一问题以及许多豆子具有较高毒性的事实尚不足以阻止人类栽种它们。

菜豆和棉豆通过贩运奴隶的返程船只，从巴西去到了非洲，再从非洲向北进入欧洲。新来的物种受到欢迎，当地人热切希望这些豆类不会让人胃胀。教皇克莱门特七世（Pope Clement Ⅶ）将这些新奇的豆类送给他的侄女凯瑟琳·德·美第奇（Catherine de' Medici），作为她和法国未来君王亨利二世的结婚礼物。我们不清楚准君王夫妇的婚宴上是否发生了意外，但这份结婚礼物肯定要辜负他们的期望了。

豆类存在的问题是，它们含有大量复杂的碳水化合物、纤维以及有毒化合物，这些组合不容易被人体消化系统分解。碳水化合物进入肠道后，肠道细菌将启动发酵程序，把它们转化成每天多达2升的气体。多年来，人们发明了各种各样的方法消除这一问题。最简单的解决方案是延长烹饪时间，使那些复杂的碳水化合物分解为简单的糖类。美国人则采取一种高科技手段：他们吞服以"宾诺"（Beano）之类的商品名出售的酶片，通过化学反应来增强消化能力，从而避免放屁的尴尬。为了研究这个问题，科林·利基博士（Dr. Colin Leakey）从英国剑桥来到了南美洲和智利市场。在那里，他发现看起来完全相同的豆子出售的价格却完全不同。当他向市场商贩询问这个差异时，后者看起来神情尴尬，但借助基本的手语，商贩们还是让利基博士明白了，比较贵的豆子在人体内生产的气体少一些。回到实验室后，利基博士使这些新发现的豆子成功杂交，打造出一类能在英国生长且不会引发胃胀气的豆子。整个英国每天要消耗价值200万英镑的焗豆。因此，利基博士的研究创造的潜在影响绝不能被"嗤之以鼻"。

和豆科其他成员一样，豆类作物根部的瘤状结构内生活着根瘤菌，它们可以帮助植株将大气里的氮转化为蛋白质。这门本领意味着豆类能生长在贫瘠的土壤中，并且可作为一种天然肥料，促进谷物等其他作物的生长发育。为此，豆科植物一直处于农业轮种的中心，通常在种植营养要求较高的作物之前一年，就入地扎根了。固氮能力也解释了豆类为什么往往比其他作物含有更多的蛋白质。这些属性是豆科植物被多次驯化的原因之一，许多种豆子天生便是非动物蛋白的一

图 7.1　豆类（如图中的豌豆）具备的固氮本事使得它们成为理想的作物。

个来源。另外，（与谷物相似，）干燥后的豆子容易储存，这使它们成为收成不佳的时节里一个庞大的"食物仓库"。豆类蛋白质中赖氨酸含量特别丰富，这是一种人体必需的氨基酸。（氨基酸是构建蛋白质的基石，人体必需氨基酸则是人体无法自主合成的化合物。）想保持身体健康，就必须摄入含有赖氨酸的食物，如豆制品。尽管豆类富含赖氨酸，但另一种人体必需的氨基酸即甲硫氨酸的含量却十分低。然而，有个好消息是谷类作物都富含甲硫氨酸。所以，正如任何素食主义者都会告诉你的那样，谷类和豆类的组合构成了健康、均衡、蛋白质丰富的饮食基础。几个世纪以来，围绕谷类和豆类这对搭档，世界各地已经发明了各式各样的经典素食菜谱。中世纪的欧洲，农民餐桌上的主角是谷类和豆类一起炖煮的浓汤，相当于现在的焗豆吐司。

在非洲，人们驯化豇豆是为了取得它的干种子和豆荚，种子被称作"黑眼豆"，新鲜豆荚则叫长豇豆。这和原产于地中海地区的翅荚百脉根不是一码事，人们栽培它是为了收获嫩豆荚。马达加斯加岛上的居民种植四棱豆，是为了收获它那可食的块根、新鲜的豆荚、新鲜或干燥的种子，甚至蓝色的花朵也能拌沙拉食用。印度是木豆和扁豆的故乡，扁豆是种美丽的藤本植物，如今在美国南部被当作观赏植物栽培，也可以收获它的扁平豆荚。今天的作物极少起源于北美洲。北美土圞儿是个罕见的例外。它的块根不单填饱了印第安原住民的肚子，还支撑清教徒先辈移民熬过了新大陆的第一个冬天。远东地区给世界带来了绿豆和赤豆，人们常吃的豆芽便来源于此。豆科植物中最具经济价值的应该是大豆，大约 3000 年前被中国首次栽培。大豆从中国来到了日本，然后被植物间谍偷运至欧洲大陆，这堪称一项惊人的壮举。17世纪的日本是一个封闭的社会。它通过最大程度地减少与世界其他地方的一切联系，来保护自己的文化免受外界影响。因此，荷兰东印度公司的恩格柏特·肯普弗（Englebert Kaempfer）作为出岛（Deshima）总督的医师，直到当年东京对外国人开放的那一天才被允许踏进该城市。肯普弗没有浪费这个机会，他贿赂当地的警卫后，在去首都的路上设法取得了一些大豆植株。毛豆（煮熟的绿色大豆豆荚）一直是东亚菜系中广受欢迎的一道菜。

正如我们在第三章所了解的，中美洲和南美洲的原住民首次驯化了4种关系密切的豆科植物。荷包豆起源于凉爽的高地，菜豆原产自温暖的温带地区，棉豆最早生长在亚热带气候区，尖叶菜豆则在半干旱地区受到栽培。

品种繁多的瓜类

前文提及的已被普遍驯化的4个植物家族，其利用价值体现在它们全是人类首先选择培育的作物。而关于古人利用其中第3个家族的考古证据则相当有限，因为甜瓜、黄瓜、南瓜、西葫芦等都是肉质果实，它们往往很难留下曾经存在的痕迹。葫芦科成员（即瓜类植物）一向多才多艺，不仅多个物种受到驯化，最近的遗传学研究还证实，整个南美洲对西葫芦（Cucurbita pepo）的驯化发生了好几次。这些独立发生的驯化事件创造了大南瓜、倭瓜和条纹西葫芦等品种。更令人瞩目的是起源于非洲的葫芦，早在5000多年前，古埃及人就把葫芦当作盛水容器了。在这之前，它似乎已经跨越大西洋来到了南美洲，那里出土的证据表明，距今9000年前人类便懂得种植葫芦，这远远早于哥伦布的航行。大西洋两岸，有许多不同形状的硬壳类果实被用于制作瓶子、酒器、长柄勺、鱼漂，甚至乐器。实际上，只有幼嫩的葫芦果实能被食用，因为成熟后（和该科其他野生成员一样）它会变得奇苦无比。

讨论葫芦科的不同物种是件相当头疼的事，诸如南瓜、西葫芦、甜瓜一类的俗名通常指代了好几种葫芦科植物。一般而言，果皮较硬的耐储存的瓜叫"南瓜"，果皮较软的叫"西葫芦"。"葫芦"（gourd）一名的使用更是混乱不堪，它涵盖了一堆风马牛不相及的植物所打造的外表相像、可以充当装饰品或者容器的果实。最离奇的例子也许是"阳具葫芦"。在新几内亚高地，男性原住民戴着干燥的葫芦壳来遮掩自己的生殖器。还有其他植物可以发挥该项功能，它们也被称作阳具葫芦。最常见的替代品是食虫植物猪笼草（*Nepenthes mirabilis*），它和葫芦毫无瓜葛。考虑到猪笼草含有蛋白酶，能够分解任何掉进其陷阱的动物物质，我不由得佩服将猪笼草穿在身上的人的勇气！尽管人类学家一厢情愿地认为戴着阳具葫芦是一种性展示，但巴布亚人声称他们这样做仅仅是为了蔽体，而且不会考虑选择比真实需求更大的阳具葫芦。这一观点得到了一个事实的支持——阳具葫芦通常比你想象的细小得多。相反，南瓜是一切作物中最大号的。一个南瓜重量的世界纪录超过了 1 吨，即使用作最狂烈的性展示，也过于夸张了。

同为作物，瓜类显然不同于谷类和豆类。但它们的出发点可能本来就不一样。科学家认为，最初种植瓜类是为了获得大粒且富含油脂的种子。只不过后来发现了果实不苦的突变型个体。营养价值方面，

图 7.2　大西洋两岸分别独立驯化了葫芦，这真是非同寻常。

瓜类和谷类、豆类也存在差异，除了提供一点维生素和纤维外，瓜类就没啥能给我们了。照此说来，词典编纂者塞缪尔·约翰逊（Samuel Johnson）讲过的一句话还挺有道理的："黄瓜应该被仔细切成片，拌上辣椒和醋，然后扔出去，因为它一无是处。"然而，在长期干旱的地区，瓜类却是无价之宝，因其提供丰富的新鲜果肉。在卡拉哈里沙漠（Kalahari Desert）这样的不毛之地——西瓜的故乡，瓜类便是干净安全的饮用水的一个重要来源。

来自苋科的菠菜

早在市场部还没想到把富含抗氧化物的水果包装成"超级食物"兜售之前，我们就知晓菠菜的好处了。这是一种一年生绿色蔬菜，是被人类普遍驯化的四大作物家族中最后一个科的成员——苋科植物。在很多方面，苋科家族贡献了最基本的作物。它们似乎通过15次独立事件演化出了更高效的C4光合作用途径。该科多数成员都拥有较长的生长季，这期间它们的叶要遭受反复收割。营养价值上，它们含有9种人体必需的氨基酸，这使它们成为完美的蛋白质来源，正如埃尔齐·克赖斯勒·西格（Elzie Crisler Segar）笔下的漫画人物"大力水手"所知，菠菜是一个惊人的铁元素仓库。果真如此吗？

大力水手作为一个漫画人物，于1929年首次出现在公众面前。最初，他是通过摸一只神奇母鸡的头获得无穷神力，后来这一获得神力的方法改成了吃菠菜。虽然人们有时宣称，大力水手是菠菜行业的一项发明，可事实并非如此，尽管美国有几个重要的菠菜种植区为这位卡通水手建造了纪念碑以示感谢。另有一个更极端的谣言也与大力水

图 7.3 藜麦是菠菜的近缘种，为了获取其种子，
安第斯地区的百姓在 4000 年前就驯化了它。

手酷爱菠菜有关。多年来，读者以为西格选择菠菜是由于它高得离谱的铁含量。而这一数据来自19世纪冯·沃尔夫教授（Professor von Wolff）所做的化学分析实验，他不小心把小数点放错了位置，因此菠菜的含铁量被高估了10倍。不过最近，诺丁汉·特伦特大学（Nottingham Trent University）的迈克·萨顿（Mike Sutton）已经质疑这个故事了。看起来，早期对菠菜铁含量的几个估算数据都比实际值高得过分。这可不是重复多次把小数点放错地方的原因了，而是由于实验操作不当，造成了样品的铁污染。法国军队好像也对菠菜富含铁元素的特性印象深刻，因为第一次世界大战期间，人们会往酒中添加菠菜汁，再给失血过多的伤员饮用。

在欧洲殖民者开拓美洲之前，作为苋科植物的藜麦早在4000年前就被印第安人首次栽培了。尽管它和作为绿色蔬菜食用的藜[①]亲缘关系较近，但人类主要收获藜麦的谷粒状果实。美洲中部和南部地区曾把一些苋科植物驯化成"假谷物"（pseudocereal）。假谷物不属于禾草，但两者的"谷粒"吃法相似，即常被研磨成粉。与苋科其他物种一样，这些假谷物营养丰富，含有人体必需的一切氨基酸。可惜它们不具备固氮技能，所以体内的蛋白质总量要比豆类作物低。

作物"三姐妹"——玉米、豆子和西葫芦

北美洲总是鼓励庭院园丁种植作物"三姐妹"——玉米、豆子和西葫芦，以弘扬美洲原住民部落易洛魁（Iroquois）的环保理念。整个

---

① 英文名 fat hen，学名 *Chenopodium album*，英文名直译为"肥母鸡"，这可能与前文提及的大力水手最初是通过摸一只神奇母鸡的头而获得能量这一设计有关。

项目经常围绕神话、肥料和魔法展开。据说易洛魁部落信奉玉米、豆子和西葫芦三位神灵，且认为三者相亲相爱，只有手牵手才能茁壮生长。这三位姐妹神（De-o-ha-ko）被视作造物主（the Great Spirit）赐予的珍贵礼物，以支撑人类及"三姐妹"彼此生活。从园艺学角度讲，玉米给菜豆提供可攀爬的结构，不再需要搭杆。菜豆在土壤里固定的氮有利于西葫芦和玉米的生长发育，西葫芦则沿着地表蔓延，充当一层活性覆盖物，使土壤保持湿润，并摆脱了与之竞争的杂草。

"美洲三姐妹"相处得这么友好，当然是非常偶然的，因为它们都是某些机能严重失调的植物。西葫芦大概是"三姐妹"中最年长的，可能有长达1万年的历史了。墨西哥和危地马拉有许多种野生的葫芦科植物。虽然它们的果实尝起来很苦，但种子都可以食用，人类最初栽培这些植物也许是为了制作碗和勺。"二姐"可能是玉米，"诞生"于大约6000年前，同样由墨西哥原住民开发利用。豆类相当于这一作物家庭里的婴儿，和西葫芦一样，许多种豆子实际上已在美洲中部和南部被栽培了数千年。但"三姐妹"作为一个幸福的家庭生活在一起却是非常晚近的事情。易洛魁人把它们种在一块已有700年左右，可"三姐妹"的称呼不过兴起于19世纪。

类似的间作体系或混合种植办法广泛流传于全球各地的小菜园农业系统。它们发挥了积极的生态学作用，因为不同的作物可相互补充，通过各自独特的根茎架构和生长周期，以不同的方式利用土壤和阳光。混合种植还能减少病虫害席卷单作农田的可能性，并针对极端情况做好安全保障。间作的劣势是，它属于劳动密集型。种植"三姐妹"时，关于整地（ground preparation）、间作的距离和不同作物的种植时间就有非常复杂的耕作说明。譬如，玉米应该先于豆类种植，以便后者攀附其上生长。当然，为了不损害后熟的作物，人们还要分阶段费力地人工采收。后院的土地上，这一切都相当不错，但对现代农业的产业化规模来说并不实用。

关于环境和谐，易洛魁部落的"三姐妹"能带给我们什么启发？当然，它们也来自那4个已被频频独立驯化的植物家族中的3个科。它们确实和睦相处、共同成长，这多少解释了这些作物遍布全球的成功秘诀。另一方面，它们还代表了地球上光合作用效率最高的植物，而且要么易于保存，要么能够延长丰收季节。当搭配食用时，这些作物为我们提供了几近完美的食物，因为它们含有丰富的碳水化合物和油类，以及营养均衡的蛋白质、维生素和纤维。在世界上最干旱的地区，这些作物不仅提供了食物和安全的水源，还带来了用于饮水的盛装器皿。所以我们真的不必惊讶于世界上所有伟大的文明中心都对四大作物家族驯化了那么多次。

第八章　所有权和偷窃

按重量计算，植物产品应是地球上最昂贵的商品之一。你可能因此期待，这会驱使我们驯化出比目前更多的农作物。然而，真实情况可能相反。本章列举的几个例子是讲农作物变得价值不菲，点燃了商人在种植和交易这些作物方面追求经济私利的欲望。这最终驱使他们偷窃、走私、违法，甚至摧毁这些植物，以至于到了危害作物遗传资源的极端程度。

我们的视线所及之处都有植物。没有植物，就没有动物，当然也没有人类。我们不只是食用植物而已，与此同时，我们坐在用植物制成的椅子上，在用植物制成的餐桌上吃饭，住在用植物建成的家中。我们穿着用植物纤维做成的衣服，用植物制作乐器。绝大多数伟大的文学和艺术作品都离不开植物材料，上色也需要植物色素。我们使植物发酵，以生产酒精。来自植物的化学物质能让我们兴奋，至今仍是大多数药物的基本成分。关于植物用途的列表可以不断延伸。但我们依旧只开发了一小部分可供利用的植物。植物不仅对大多数人类的活动至关重要，我们从各个方面开发利用的作物更是植物中罕见的精英。这使得它们非常昂贵，控制它们的种植和交易的人也变得十分富有和强大。因此，人类历史充满了各种偷窃和走私作物的阴谋故事也就不足为奇了。打破作物供应的垄断链，经常会激发一些伟大的发现之旅，如马可·波罗和克里斯托弗·哥伦布的探索壮举。纵观历史，人类曾因作物种植失败而进行大规模的迁徙。工业奴隶制的发明，是为了提供种植甘蔗和采摘棉花的劳动力。强大的公司甚至国家之间相互斗争，是为了控制香料和毒品市场。

我们很容易认为，对作物的控制是影响人类历史进程的一个重要因素。反过来，我们的历史，尤其是为了在作物生产和供应的过程中获得垄断或打破垄断而发生的斗争，对作物本身也产生了很大影响。人们曾经尝试通过减少作物的供给量来提高作物的价格，而这样做缩小了它们的基因库。这些行为对相关作物有着长期的危害，而且现在看起来很疯狂。当然，那些人无视保护作物遗传多样性的必要性，而是纯粹出于贪婪的动机。同样地，战争期间，海上封锁也被用来限制作物的供应，并且仅仅是为了经济利益。这也是作物驯化的另一个重要推动力，迫使被围困的人寻求可替代的植物。所有这些因素似乎都是遥远的历史，但它们造成的影响却一直延续至今。历史上在植物权力斗争中输掉的人，现在热切地保护着地方特有作物的种质资源。相比之下，为了全人类的福祉，世界政坛的主要大国正通过《生物多样性公约》来推动作物遗传多样性的保护。

餐桌植物简史

面包树

"邦蒂号"叛变事件和从塔希提岛（Tahiti）引种面包树到牙买加的失败，是老电影[1]爱好者们耳熟能详的一个故事。然而，这个故事很少给面包树这种植物以应得的主角地位。

人类栽培面包树的历史十分悠久，久到它的确切起源已变得模糊不清。可以肯定的是，从印度及马来群岛到太平洋诸岛，自古以来就有人种植这种植物。作为桑科成员，面包树是一种高约25米的乔木，叶片大而分裂，长约1米，宽约0.5米。面包树最常见的栽培种不生产种子，果实圆形，直径约30厘米。这些统计数字或许显得枯燥乏味，但却是布莱船长和叛变事件的组成要素。

18世纪初叶在欧洲殖民势力中，面包树收获了一个不切实际的美誉——人们认为它可充当粮食，供养以奴隶制为基础的不断扩张的美洲殖民地。所以当一连串饥荒袭击牙买加时，种植园主开始向乔治三世请愿，希望从塔希提岛引进面包树，来养活忍饥挨饿的奴隶。奇怪的是，由于不同殖民势力之间的竞争，种植园主似乎忽略了一个事实，就是法国已将面包树引种至其加勒比殖民区了。实际上，早在布莱船长开启他不幸的航程之前，英国人似乎就已经俘获了一艘开往马提尼克（Martinique）的法国船舰，并带着包括面包树在内的奖赏回到了牙买加！然而，这件事并未阻止这位伟大的船长，5年后，即1787年，他领着船员们扬帆出发，前往塔希提岛寻找面包树。

电影制片人没有意识到布莱及其小船所承担的任务的规模。如上

---

[1] 指取材于这段历史的电影《叛舰喋血记》。

文所述，故事里的面包树是无籽的，因此不能通过打包种子的方式轻便地运输。而面包树是一种相当大的树，叶长近 1 米。在几乎要绕半个地球的航行中，不可能把面包树置于甲板之下，因为它们显然需要阳光。所以请想象下这个场景，超过 1000 棵（是的，1015 棵——布莱不是个权宜做事的人）盆栽面包树遍布于甲板，挥舞着宽大的叶。辽阔的海面上总是掀起干燥的风，而它们毫无疑问要消耗大量的水，所以船员们开始厌恶这些该死的东西，接着将它们扔出船外，也就不奇怪了。

4 年后，从不轻易放弃任务的布莱船长和一批新船员，驾着一艘新船"天佑号"（*Providence*）再一次启程。显然，他没有从上一次的"邦蒂号"事件中学到什么。这一次，他翻倍运载了面包树，超过 2000 棵。实际上，布莱一直野心勃勃，他在去牙买加的途中曾逗留于非洲西海岸，接了一批咸鱼果——另一种准备用来养活西印度群岛奴隶的乔木型作物。不过有些报道称，布莱是负责把这批咸鱼果从牙买加运到邱园的。

虽然面包树已在英属加勒比地区迅速繁衍，但它从没有为西印度群岛上饥饿的奴隶们提供过大量食物。至今，它仍背负着"奴隶的食物"这一污名，而常常在该区域遭受冷眼。人们为获取其胶乳种植的面包树数量，似乎和它作为粮食的数量一样多了。遍布加勒比地区的面包树由于被割取胶乳，树干上留下了许多刀痕。人们把胶乳搓成球，放在树枝上，而鹦鹉们老是犯傻，被这些黏黏的东西诱捕。

甘蔗

历史上，一些作物变得相当重要，以至于它们可以主导整个地区的经济，塑造该地区的发展模式。这些作物往往不是我们日常生活的主食，而是能带来享受的昂贵的奢侈品。就此而言，我们几乎无法凭借卑微的出身来预测哪些物种可能成为作物界的巨星。甘蔗便是这样一种作物，它为我们带来蔗糖。蔗糖曾经是上流阶级的专用食品，但如今糖是人类追求甜蜜的标准选择。

甘蔗是一种大型热带禾草，起源于巴布亚新几内亚（Papua New Guinea）的潮湿森林。这个地区种植甘蔗的传统从未间断，往前追溯会跌入时间的迷雾之中。巴布亚原住民在森林的空地上种植甘蔗园艺种，既是为了它们的观赏价值，也是为了它们所含的甜汁。这些品种茎秆粗壮，色彩鲜艳，呈现出令人难以置信的黄色、橙色、红色、绿色、蓝色和黑色。它们有的具有水平或垂直的条纹式杂色，看着就像甜品店橱窗里可能出现的东西。除了选择令人赏心悦目的品种外，巴布亚原住民也选中了糖浓度较高和纤维含量较低的甘蔗植株，以培育出能让人嚼得更欢快的甘蔗茎秆，伴随他们穿越森林。尽管如此，我依然不得不说，咀嚼甘蔗好比吮吸浸泡在糖浆里的轻质木块。

这些本土的甘蔗园艺种到了野外却变得默默无闻，森林里的空地若被废弃，它们将迅速消亡。由于这点及其他原因，人们认为甘蔗的栽培个体与真正的野生个体不是同一物种。那些栽培的园艺种也叫"贵族甘蔗"，拥有自己的拉丁名 *Saccharum officinarum*，据说是由沿着巴布亚新几内亚河天然分布的野甘蔗驯化来的。21 世纪之前，世界上多数甘蔗作物要么属于原始的贵族甘蔗，要么是一个名叫'克里奥尔'（'Creole'）的天然杂交种。现代作物育种者已经建立起他们美其名曰使甘蔗"贵族化"的流程——让园艺种贵族甘蔗与其他 3

个野生近缘种分别杂交，以获取育种必需的抗病基因。接着让杂交子代与其亲本贵族甘蔗进行一系列回交，力图恢复消费者要求的高糖浓度。当"贵族化"完成，一些育种者会在私下质疑野生甘蔗的基因是否还保留着。

直到殖民美洲，欧洲人的甘蔗种植业才初具规模。早在 1493 年哥伦布的第二次航行中，甘蔗就从加那利群岛（Canary Islands）被引入加勒比地区了。虽然哥伦布特别钟情于这一作物，但西印度公司的制糖业发展缓慢，从一开始便严重依赖国家的援助和补贴。制糖业还严重依赖劳动力，由此推动了从西非到新世界的罪恶的奴隶贸易。不可避免的是，基于奴隶制度的经济效率低下，但整个 17、18 世纪，加勒比生产者却得到了殖民列强的财政支持。这个政策通常被称作"奖赏体系"，它导致了"糖王"的出现，这不仅主导了该地区的贸易，还人为抬高了地价。

19 世纪，时代开始变化，全球蔗糖市场越来越混乱。这是受到了一些相关因素的驱动，例如来自蒸蒸日上的甜菜业的竞争。某种程度上这是由于英国海军对拿破仑统治的法国实施了封锁。1811 年，封锁政策迫使拿破仑下令强制推行甜菜种植，并开展对甜菜种植的研究。滑稽的是，没过几年，封锁期结束后，法国却限制蔗糖进口，以保护发展中的甜菜业。那时候德国和英国也在发展相似的甜菜工业，而且得到了威尔伯福斯（Wilberforce）和废奴主义者的支持，他们正搞活动反对有助于支撑奴隶制的奖赏体系。除了来自英国国内的压力，世界其他地方的甘蔗种植者也要求终止对西印度公司糖厂的财政支持。所有这一切的结果是 1846 年糖关税法案（Sugar Duties Act）

的诞生，它开始向不同来源的糖收取相等的关税。1874 年，糖税被彻底废除。19 世纪的最后 20 年见证了欧洲列强通过补贴来促进甜菜出口。市面上糖的价格甚至跌到比甘蔗或甜菜的生产成本还要低得多。

到了 20 世纪，糖已经退去了奢侈品的光环，而成为一种日常商品。这对其他农作物的生产造成了连锁效应。1831 年，已知的醋栗品种就有 700 多种。它们全是甜的品种，常常要到 11 月才采摘，以使果实的糖分积累至最高程度。当糖变得廉价后，绝大部分品种都被我们今天知道的夏季结果的酸味品种取代了。因此，尽管西印度群岛的奴隶解放改变了英国醋栗的本性这个说法过于简化，但老实讲，这两者并非毫无关系。

进入 21 世纪，甘蔗这个作物界的贵族正向令人激动的新的可能性敞开怀抱。甘蔗的一个近缘种——象芒（*Miscanthus giganteus*）正被开发成一种生物燃料作物，可种植于温带气候区。这种禾草的秸秆干燥后能用来燃烧发电。作为作物育种的一个步骤，人们让许多芒属的近缘种进行杂交，其中便有象芒和甘蔗，它俩非常乐于分享彼此的基因。所以如果有一天，你在没想到会长甘蔗的地方发现田里全是与甘蔗非常相像的植物，还请不必惊讶。

丁子香

生物多样性保护目前被视为"拯救地球"的必要组成部分。然而几个世纪以来，连续几个垄断世界丁子香贸易的国家却故意且成功地摧毁了这种作物内在的遗传多样性，这带来了潜在的灾难性后果。

丁子香是一种小型常绿乔木的干燥芳香的花蕾，原产于印度尼西亚群岛。据说丁子香只能在可以看到大海的热带岛屿上生长。它与许多有臭味的树近缘，如桉树和多香果，后者的果实是一种西餐香料。东亚地区的丁子香种植年代十分久远，公元2世纪末以来，这种香料在欧洲已经广为人知。两汉时代（公元前206—公元220），所有朝廷官员在觐见皇帝时都要口含丁子香，以确保口气芬芳。1000多年来，中国人通过隐瞒其供应来源，成功垄断了这一宝贵的贸易资源。丁子香首先被进口到中国，再通过运输香料的大篷车出口到印度和欧洲。丁子香还被当作药物，用于治疗消化不良和肠胃气胀。丁子香油具有微弱的麻醉作用，被用于缓解牙痛。在印度尼西亚，人们将大量的切丝丁子香与烟草混合在一起，制成丁子香烟来抽。这一地区目前香烟的年消费量达360亿支，正是这一用途决定了现在丁子香在世界市场上的价值。不过，人们用丁子香给甜味和咸味菜肴增加风味的做法，才使得它们成为2000年来最有价值的香料。

16世纪，葡萄牙人终于发现了中国人的秘密。丁子香的来源是摩鹿加群岛（Moluccas）北部的5座小型火山岛，这些火山岛后来被称作"香料群岛"。到了17世纪，葡萄牙主宰世界丁子香贸易的时候，他们在摩鹿加群岛种满了丁子香树。当该地区陷入荷兰手中时，丁子香的交易被荷兰东印度公司接管。为了便于控制，他们将丁子香的种植转移到了安汶岛（Ambonia）和摩鹿加群岛南部的其他几个小岛上。为了保证他们的垄断地位，他们摧毁了这几个岛屿以外的所有丁子香树，并对在那些在禁止区域种植丁子香树的人严加处罚。这导致成千上万的丁子香树在1816年被烧，据说是世界历史上最为芳香的火焰。烟雾在数百公里以外的海洋都可以被探测到。这种行为激怒了当地的摩鹿加

图 8.1　几个世纪以来，殖民主义势力竞相争夺
全球丁子香供应的控制权，最终导致丁子香的遗传多样性灾难般的下降。

人。依照传统，他们会在孩子出生的时候种下丁子香树，并且相信这些树木的命运与他们孩子的命运息息相关。在由此引发的血腥的起义中，被杀害的远不只丁子香树。

尽管荷兰人努力维持垄断，法国人还是设法将一些树木偷运了出去，并在由法国控制的毛里求斯和留尼汪岛建立了自己的种植园。据说，在这个过程中只有 1 棵树幸存下来，并成为整个留尼汪岛丁子香树的祖先，以及之后的马达加斯加岛丁子香种植园的祖先。19 世纪初，这一祖先的丁子香树后代被带到坦桑尼亚东海岸的桑给巴尔岛（Zanzibar）。50 年里，桑给巴尔成为世界上最大的丁子香生产地，供应全球 90% 以上的丁子香。这是在密集使用奴隶劳动力的基础上实现的，因为要用这些劳动力来挑选花蕾。

丁子香通过这种方式向西跨越印度洋，在这个过程中，每经过一个起到踏脚石作用的岛屿，其遗传多样性就会减少，最终到达非洲东海岸。传播链中的每个环节都涉及从种子种出新树的步骤，而丁子香是高度自交的，即每一步都导致产生越来越多的近交后代，一定程度上，甚至都快赶上了欧洲最高贵的皇室！即使在摩鹿加群岛的原始种群中，早在 17 世纪就已经记载，丁子香这一作物缺乏变异。这种高度的遗传单一性使得丁子香种者面临严重的问题。有什么希望能够在这样低遗传多样性的作物群体中找到 1 棵树，以抵抗那种名为"猝死"的疾病？这种名字不祥的疾病可以将接近成熟期的丁子香树迅速杀死。也许，避免桑给巴尔的下一代丁子香遭受致命疾病的唯一办法，就是让丁子香树再次跨越印度洋，回到摩鹿加群岛。这一次不是为了追寻丁子香的起源，而是寻找其野生祖先和可以抵抗"猝死"之疾的圣杯。

橡胶树

虽然不像以前那么常见，但一种热带植物似乎已经在办公室门厅和客厅里找到了新的栖息地。然而，将这种长着大而光亮的深绿色叶子盆栽植物称为"橡胶树"（Rubber plant）是一种欺诈，一个骗局。它根本不是橡胶树，而是一种榕树（即印度榕）。造成这种混淆的原因可能是当种在塑料盆中的印度榕茎叶折断后会滴下乳白色的汁液，就像真正的橡胶树一样。但是，还有许多和橡胶不相关的植物含有胶乳，事实上在各个时期，人们都试图从这些植物中获取橡胶，其中包括不起眼的蒲公英。

方才提到的"橡胶树"实际上是指一种野生生长于巴西和秘鲁的亚马孙雨林的常绿树，这也反映在它的拉丁名 *Hevea braziliensis* 上。它是大戟科植物的一员，该科包括另一种会产生胶乳的盆栽植物：一品红。橡胶树最初可能是作为一种可食用植物建立了与人类的长远联系。有些南美印第安人现在仍然定期食用煮熟的橡胶树种子，但一般只有饥荒时期人们才会去吃它。早在第一批欧洲人到达南美洲之前，当地原住民就开始从橡胶树中收集胶乳，并生产出一种弹性物质，用于密封。没有人能够真正确定橡胶何时抵达了欧洲。最初，橡胶制品只是被看作奇特的新鲜事物，事实上许多橡胶制品仍然被如此认为。这是因为用天然橡胶粗制的物品在短时间内就会破碎。

1791 年，一位名叫塞缪尔·佩尔（Samuel Peal）的英国发明家取得了一项技术专利：用橡胶和松节油来生产防水服。这代表了橡胶的第一次商业应用和橡胶衣的诞生，以及随之而来的新式恋物癖。然而直到 1839 年，橡胶的繁荣时代才真正到来。美国人查尔斯·固特异（Charles Goodyear）发现，用硫黄煮过的橡胶会同时增加其强度和弹性。这种硫化橡胶不透气、不导电、还防水，并且耐磨损和化学腐蚀，人们很快就意识到橡胶具有数百种用途，尤其是可以制成充气轮胎。于是橡胶价格飙升！

当时，世界上所有的橡胶都是由亚马孙森林深处野生生长的树木生产的。在 19 世纪接近尾声时，该地区见证了一场"橡胶热潮"。随着新城镇在亚马孙河及其支流的建立，繁荣时代给少数橡胶大亨带来了难以置信的财富。尽管秘鲁的伊基托斯市（Iquitos）①的街道上车水马龙，但直到今天，要去该市也只能坐飞机或船，因为那里的道路仅仅往丛林伸入一小段便消失了。尽管存在这些交通上的困难，这些城镇的建设没有花费任何费用。在 1889 年的巴黎展览会上，当地的橡胶大亨朱尔斯·托斯（Jules Toth）进口了一栋完整的两层金属建筑，这栋建筑由法国建筑师古斯塔夫·埃菲尔（Gustave Eiffel，因设计埃菲尔铁塔而闻名）设计。在下游的巴西，位于亚马孙河和内格罗河交汇处的马瑙斯市（Manaus）曾在一个很短暂的时期内是世界上最富有的地方。暴富的市民以其夸张的举止闻名于世。人们大口吞饮巨量的香槟，并用百元大钞点燃雪茄，使得这个小城的名声迅速败坏。那里的商人从意大利进口大理石，从英国进口铁柱，从法国进口

---

① 伊基托斯市位于南美洲亚马孙盆地的大平原上，是秘鲁的亚马孙地区最大的城市。该市无公路或铁路连通外界，对外交通完全依靠航空和亚马孙河船运。虽然距离亚马孙河河口 3700 公里，但是小型海轮仍可以溯流而上，抵达伊基托斯市，这使得该地成为世界上距离海岸最远的海港。19、20 世纪之交，橡胶产业大热，伊基托斯市因此繁荣至极，后随着"橡胶热"退潮，该市再也未能恢复当年之盛况。

抛光木材来建造宏伟的亚马孙歌剧院。1896年，亚马孙歌剧院刚刚开业的时候接待了许多明星大腕。然而，巨额的财富必然会引起他人的嫉妒。为了保护本国利益，巴西采取了严格的禁运措施。尽管如此，1876年，英国探险家和植物学家亨利·威克姆爵士（Sir Henry Wickham）还是设法将7万颗橡胶种子从巴西走私到了英国皇家植物园邱园。传言，威克姆在受到质问时说，这些种子是为维多利亚女王的兰花藏品准备的。巴西人对此自然非常不满，而且至今仍不愿允许其他国家在他们的森林里采集植物。

通过这些种子，英国皇家植物园的园丁们成功地种出大约3000株植物，其中大多数被迅速地出口到斯里兰卡、马来西亚和印度尼西亚。人们认为，即使是现在，在东半球，几乎所有的橡胶树都源于威克姆从巴西走私出去的那批。由于橡胶树是一种速生树种，5年左右就能达到成熟，因此，没过多久，威克姆的橡胶树就成为有力的竞争对手，打破了南美洲的垄断。在20世纪早期，亚马孙短暂的橡胶繁荣时代结束了。

橡胶树的种植在第二次世界大战后不久就达到了顶峰。战争期间供应的中断刺激了合成橡胶的研究，如今合成橡胶的生产比天然橡胶树的种植要重要得多。然而，天然橡胶仍然是许多产品的首选。因此，在20世纪80年代，人们对艾滋病的恐慌导致了天然橡胶价格的急剧上涨。

茶树

有个英国传说宣称，艾萨克·牛顿受到一个坠落的苹果的启发，发现了万有引力；但比这个英国传说早4000多年的中国古代神话则扬言，神农坐在一棵树下观察落叶时就发现了一个被很多人认为与引力理论同等重要的秘密。相传在公元前 2737 年，中国的帝王神农氏——也是一位业余的草药师——看到一棵野生茶树的叶子掉入一壶水中，这壶水正由他的仆人烧煮以供饮用。结果煮开的水气味很香，神农转而品尝这壶茶水并且迷上了这种味道，从此他再也不喝白开水。到了印度和日本的传说里，茶则被认为是禅宗佛教的创始人菩提达摩发现的，菩提达摩通过咀嚼野生茶树的叶子获得刺激，以使自己清醒地修禅长达 7 年之久。这一切都表明，睡前最好不要喝茶。

　　茶树的拉丁名 *Camellia sinensis* 既指出了它的原产地，也说明了它是山茶花的近亲这一事实。① 在非栽培状态下，茶树可以长到 30 米高，它常绿的树叶最初是由受过训练的猴子（而非 PG Tips 公司的黑猩猩②）采摘的。然而，在现代的茶园中，由于经常采摘叶子，茶树很少能够长到 1 米以上。茶起源于长江和雅鲁藏布江之间的亚热带地区，并在不同地区发展出各类品种。一些植物学家将这些品类描述为不同的亚种（阿萨姆茶、柬埔寨茶、中国茶和伊洛瓦底江茶），其中还有数百个不同的变种。但这种划分方式很容易和另一种划分方式混淆，即红茶、绿茶、乌龙茶。尽管历史上许多欧洲人以为这些茶来自不同的植物，但实际上它们是用不同方法处理茶树之叶的产物。尽管如此，

① 茶树的英文名 tea 源自闽南语的发音，无法表明任何信息；而拉丁名的属名 *Camellia* 表示茶与园艺花卉山茶花（camellias）是同属植物，种加词 *sinensis* 的意思是"中国的"，表明了茶树的原产地。

② PG Tips 是英国一个著名的茶叶品牌，该品牌之所以家喻户晓，得益于它在 1956 年推出的一条名为"Tipps 家庭"的广告。广告的角色全部由经过训练的拟人化的黑猩猩扮演，十分新奇有趣，极大提升了公司知名度与产品销量。

一般来说，绿茶由中国的亚种制成，红茶由大叶的阿萨姆亚种制成。

茶树会萌发大量新叶，而最好的茶便是由这些嫩叶制成。这些嫩叶随后被铺在架子上，任其萎蔫。然后进入揉捻阶段，叶子细胞破裂，而细胞内容物则会混合在一起。这就开启了一个复杂的化学反应链，称为发酵。虽然被叫作发酵，但该方法不涉及酒精，而是和被切开的苹果以及其他一些植物材料在氧气存在的情况下变成褐色的反应相似。茶叶被铺在托盘上，放置于潮湿而凉爽的环境中，随着发酵的进行，它们逐渐产生风味和上色。在绿茶的生产中，茶叶被蒸过，以防止发酵。相比之下，红茶是完全发酵的，乌龙茶是部分发酵的。最后，人们利用热空气或更传统的热灰对茶叶进行干燥，然后再按叶片大小对其进行分级。

发酵时间越长，制得的茶味道越浓，咖啡因含量也越高。茶叶中的咖啡因含量也受茶叶的种类、年代，尤其是冲泡方法的影响。提高水温，增长冲泡时间，以及把茶叶做得更细碎，所有这些都能增加茶水中的咖啡因含量。咖啡因是一种复杂的分子，能让饮茶者感到兴奋。它最早于 1827 年在茶中被发现，并被命名为茶素（theine）。后来人们在咖啡中发现了同样的化合物，将其命名为咖啡因。最终，人们意识到这两样东西是一样的，茶素这个名字便被弃用了。与咖啡相比，同等重量的茶含有更多的咖啡因，但由于沏一杯茶所用的茶叶比泡一杯咖啡所用的咖啡豆要少，所以平均每杯茶的咖啡因含量大约是每杯咖啡的一半。

多年来，茶叶不仅刺激了饮茶者，而且它颇高的价值还促进了美国的独立，导致了随之而来的中英两国之间的鸦片战争。英国早期的茶历史是模糊的。荷兰和法国是欧洲最早推广这种饮品的国家。随着查理二世（Charles Ⅱ）复辟君主制，饮茶终于在英国流行起来。任何东西如果很受欢迎，那么它必须受到监管。基于这一前提，1675年，查理二世试图将在私人住宅销售茶叶的行为定为违法。这个想法没被写入法律，但一年后，关税被强加于茶叶销售，并且规定运营茶室需要许可证。茶叶关税在18世纪中期戏剧性地冲到了顶峰，征收税率高达119%。此外，约翰公司（John Company）①还另行提高了茶叶的售价。

约翰公司创立于伊丽莎白一世（Elizabeth Ⅰ）时期，在世界历史上拥有最为绝对的贸易垄断。它拥有好望角（Cape of Good Hope）以东、合恩角（Cape Horn）以西地区所有的贸易权，并被授予了制定和执行法律、造币、武装、宣战的权利，这是现代跨国公司做梦也想不到的。1777年左右，1磅茶叶的价格相当于英国人平均周工资的1/3。这刺激了许多公司从荷兰和斯堪的纳维亚半岛走私茶叶，并在全国范围内分销。此外，茶叶的掺假现象也很普遍，虽然这在1725年被定为非法，但人们常常发现茶叶与其他东西混在一起，比如灰、接骨木和柳树的叶子、重复使用的茶叶，甚至羊粪。

1773年，约翰公司与东印度公司合并。新的特许证赋予它在中国和印度的商业垄断权，并有权绕过殖民地商人，直接在美洲销售茶叶。其结果是许多美洲茶叶进口商破产。这是在继印花税法之后的一项新举措，印花税法对许多产品征收消费税，对茶叶、纸张和玻璃征收进口税。英国强加给其美洲殖民地的这两项征税，都是为了

① 英国东印度公司的前身之一。

餐桌植物简史

弥补不久前法印战争的损失。这些事件激怒了热爱饮茶的美洲殖民者，并导致了著名的波士顿倾茶事件，而这反过来促使了美国独立战争的爆发。1773 年 12 月 16 日晚，大约 50 名装扮成莫霍克族印第安人（Mohawk Indians）的男子（为了抗议与战争有关的茶叶税的增加）登上了东印度公司停靠在波士顿港的其中 3 艘船："达特茅斯号"（Dartmouth）、"海狸号"（Beaver）和"埃莉诺号"（Eleanor）。上船后，他们就砸开并毁坏了 342 箱名为"武夷茶"的上等中国红茶，或者干脆直接扔到海里，这些茶叶价值 9650 英镑。为了报复，英国军队占领了波士顿市，并关闭了负责进口美洲大部分茶叶的波士顿港。殖民地居民的反应是宣布革命，并将他们的喜好从茶转为了咖啡。

最终，在 1784 年，时任英国首相的小威廉·皮特（William Pitt the Younger）将茶叶的税率从 119% 削减至 12.5%，从而结束了茶叶走私，并鼓励自由贸易。19 世纪英国人和美国人为控制茶叶贸易而展开了激烈竞争。美国人通过设计新的运茶快帆取得了竞争优势。英国人很快就仿造了这些流线型的船，因为它们把老式的笨重茶船的航行时间缩短了一半。在引入蒸汽船之前，美国和英国的运茶快帆队每年都争先把茶叶从中国送到伦敦茶叶交易所。奇怪的是，有史以来最著名的运茶快帆"卡蒂·萨克号"（Cutty Sark）却很少运送茶叶。茶叶贸易造就了美国最早的 3 位百万富翁，约翰·雅各·阿斯特（John Jacob Astor）、斯蒂芬·吉拉德（Stephen Girard）和托马斯·汉德赛德·珀金斯（Thomas Handasyd Perkins）。

从中国购买茶叶需要花费大量现金，东印度公司为此想出一个解决办法。在英国新占领的印度，种植罂粟的成本较低，故他们打算用鸦片同中国交换茶叶。显然中国的皇帝并不高兴这样做，于是鸦片战争爆发了。英国横行无阻地用战争保护自己在中国以硬毒品交换软毒品的权利，直至1908年。[①] 具有讽刺意味的是，下午茶这个最"文明"的英国传统以前竟是靠国际毒品贸易换来的。

咖啡

没有多少作物在商业街拥有专门经营其贸易的店铺。但是从消费金额的角度看，咖啡不是普通的作物，而是世界市场上仅次于石油的第二重要的商品。它是一个巨大的全球性产业，拥有2000多万从业人员。

咖啡是一种不寻常的作物，因为它不是单一的物种。为了生产咖啡，人们种植了大约10种不同的热带和亚热带常绿乔木。不过，其中只有2种具有国际贸易重要性，其余的仅仅是为了当地的消费而种植。这些不同种类的咖啡非常近缘，且都属于一个分布广泛的植物家族——茜草科，英国本土就有不少这个科的物种。在温带地区，茜草科的成员往往是一些小型草本植物，最有名的例子就是原拉拉藤。该科成员的相似性可以通过原拉拉藤的种子看出来。每次你从袜子上取下这些种子的时候，[②] 它们看起来就像两粒小小的咖啡豆。事实上，在"二战"期间，它们曾被用作咖啡的替代品。

世界上大约3/4的咖啡作物是小粒咖啡（又称阿拉比卡咖啡）。

---

① 1908年，清朝与英国签署了《中英禁烟协议》，规定英国从签署当年起，逐年递减对中国出口鸦片的数量，直至10年后完全禁止。

② 拉拉藤属的果实常为两枚小坚果，果皮表面常布满钩状硬毛，使得果实容易沾上衣物，以传播种子。所以作者说从袜子上取下这些种子（果实）。

小粒咖啡是一种最初在埃塞俄比亚山区被驯化的灌木。它似乎源自其他咖啡种类，在其演化历史的某一阶段，其细胞中的染色体数加倍了，这同时也改变了它的有性生殖方式。这一现象在植物的演化历程中并不罕见。小粒咖啡是一个山区物种，它经常自交繁殖。一个冰冷的事实是，随着海拔上升，生物体和同伴进行交配的难度会变得越来越高。相反地，咖啡第二个重要物种——中粒咖啡（又称罗布斯塔咖啡）——生长在热带非洲的低地。1898 年，人们在刚果河盆地发现了野生的咖啡树，中粒咖啡只有在获得另一株咖啡树的花粉之后才会结咖啡豆。中粒咖啡的植株比小粒咖啡更大，活力更强，产量更高，也更抗病。遗憾的是，它们结的咖啡豆质量低劣。

咖啡豆需要大约 8 个月的时间才能达到成熟。每颗果实里含有一对咖啡豆，果实成熟后会呈现一种樱桃般的鲜红色外观。这些闪亮的红色浆果看起来很像父母告诫孩子们不要去吃的那些东西，而咖啡就是那种让你无法抑制自己思考的作物——思考最初大家是怎么想到要利用它的？根据阿拉伯传说，咖啡的食用归因于一个名叫卡尔迪（Kaldi）的善于观察的牧羊人。一天晚上，卡尔迪的山羊们自行离开了家。经过精疲力尽的搜寻后，牧羊人发现他的羊群正在一片野咖啡树丛中欢快地起舞。受到好奇心的驱使，卡尔迪也品尝了咖啡豆，很快他也开始手舞足蹈。当地的阿訇注意到卡尔迪的异常举动，了解缘由之后他也很快养成了食用咖啡的习惯，并以此解决了自己会在祷告期间睡着的问题。据说从这件事开始，咖啡的使用传遍了整个阿拉伯世界的清真寺。

这个故事和其他早期的咖啡使用记录相符。这表明最初的时候，咖啡的叶子和咖啡豆是作为药物而被咀嚼，而不是作为食物被饮用。咖啡作为一种兴奋剂来使用也进一步支持了上述说法。从前，草药医生建议给中毒的人服用咖啡。在极端情况下，如患者被蛇咬伤，草药医生会建议将咖啡直接注射到直肠内。这种做法将全新的意义赋予这个问题：你怎么享用咖啡？

15世纪的阿拉伯半岛，人们渐渐将咖啡变为一种饮料。1453年，奥斯曼土耳其人（Ottoman Turks）把它引入君士坦丁堡，在那里，它成为人们日常生活不可或缺的一部分。妇女们可以合法地与那些无法提供足够的日常咖啡配额的丈夫离婚。这种饮料从君士坦丁堡传播到了西欧。由于咖啡与异教徒的直接联系，教皇的顾问最初曾试图禁止该产品，但教皇克莱门特八世（Pope Clement Ⅷ）似乎很快就意识到教堂的咖啡早餐会和受洗的咖啡有筹资潜力，因而使之成为基督徒可以喝的饮料。

阿拉伯人小心翼翼地守护着他们对咖啡生产的控制权，只允许烤制后的咖啡豆出口到信奉基督教的西欧。然而，一个来自印度的穆斯林朝圣者——巴巴·布丹（Baba Budan）——违反了禁令。传说他把7颗咖啡豆小心翼翼地绑在自己的肚子上，带回了家乡。这7颗种子的后代被种植于印度各地。这使得后来的英国、法国和荷兰将咖啡走私到各处的热带殖民地，从而打破了阿拉伯的垄断。然而，咖啡的全球化并非一帆风顺。1723年，法国海军军官加布里埃尔·马蒂厄·德·克里欧（Gabriel Mathieu de Clieu）在未获得巴黎当局批准的情况下，将咖啡树出口到法属加勒比群岛的马提尼克岛。他毫不畏惧地偷了一些植物，并秘密把它们放到船上。在航行中，他报告称遭到一名荷兰间谍的袭击，这个荷兰人企图毁坏这些植物，以此破坏法国的咖啡产业。在不可避免的海盗袭击与几乎导致海难的暴风雨中，他幸存下来。他的日志记录显示，他最终不得不与自己的咖啡树小苗分享他有限的水资源。最终，除了仅存的一棵以外，其他所有的植株都死掉了。但是，这棵幸存的树苗使得马提尼克岛在 50 年内就建立了一个拥有 1900 万棵咖啡树的王朝。

影响咖啡品质的因素与影响葡萄酒品质的种植因素相似，这些因素包括咖啡品种、土壤类型、气候等，咖啡豆的采摘时期，咖啡豆的加工和烘焙也很重要。专业的咖啡品尝师就像品酒师一样，拥有一套他们自己的语言——自命不凡的胡说八道！真正重要的是你是否真的喜欢它的味道。种植风味颇佳的咖啡有一定程度的风险。最优质的咖啡来自种植在海拔 1300～2000 米的小粒咖啡，而且要用手工采摘。在这一海拔高度种植的小粒咖啡被称为高海拔温和咖啡，几乎全部被用于制作精品咖啡。植物生长的海拔高度越高，浆果的成熟速度越慢，所结的咖啡豆就会越小越密，含水量越少，风味越醇厚。与高品质的咖啡豆相伴而来的风险则是高海拔地区偶发的霜冻。仅仅一段寒冻时期就足以毁坏树木，并使其生长延缓数年之久。

今天的咖啡广告经常描绘出浪漫、充满诱惑的场景。"你想进来喝杯咖啡吗？"这句话常常出现在广告中。然而，咖啡与热情交往之间的联系却早就不是什么新鲜事。1727 年，巴西皇帝急于让他的国家进入利润丰厚的咖啡市场。法国和荷兰的殖民列强同样热衷于保护自己的利益。整个圭亚那（Guiana）的咖啡种植园都受到了严密的看护，因此陆军中校弗朗西斯科·德·梅洛·帕赫塔（Francisco de

Melo Palheta）以解决圭亚那的法国和荷兰殖民地边界争端问题为由，被派去偷窃一些咖啡树，并把它们带回巴西。传说他虽然成功地解决了当地的政治问题，但他的主要任务却遇到了更大的麻烦。毫无畏惧的年轻的弗朗西斯科凭借他那致命的魅力和温文尔雅的老练引诱法属圭亚那总督的妻子，并和她达成了秘密的盟约。当这位女士向即将离去的情人深情告别时，她送给了他一束鲜花，里面有一小枝带有果实的咖啡。这一浪漫举动孕育了巴西价值数亿的咖啡产业。这个充满诱惑的故事甚至堪比最为情色的咖啡广告。

桑树

"在寒冷的结霜的早晨，我们绕着桑树转圈儿。"关于这首儿歌的由来，一个解释是，据说这棵树生长在英格兰韦克菲尔德（Wakefield）监狱的活动场地里。为罪犯提供如此美味的新鲜水果，这种看起来宽宏大量的行为，一点都不符合旧时监狱长的风格。此外，桑树与帝王有着古老的联系，而不是与罪犯联系在一起。

通常栽培的桑树主要有三种：黑的、白的和红的。[①] 这些颜色指的是果实的颜色。这 3 种桑树都是低矮的乔木，而非灌木。它们会长出一条条性别不同的花序，即一条花序要么全开雄花，要么全开雌花。偶尔有个别的植株只生产单一性别的花序，即一棵桑树上只长雄花，或只长雌花。桑原产于中国，桑叶用于养蚕的历史超过了 4000年。黑桑原产于亚洲西部，为了获取其果实，欧洲自古罗马时代就开

---

① 这 3 种桑树分别是指黑桑（*Morus nigra*）、桑（*M. alba*）和红果桑（*M. rubra*）。

始种植。红果桑（或称美国桑）原产于美国东部各州，是种植业里的新面孔。

在中国，桑的历史与丝绸交织在一起。丝绸的发明要归功于公元前2640年的黄帝元妃西陵氏，即嫘祖。她从王宫花园的一棵桑树上摘下蚕茧，然后把这些茧结打开，为黄帝纺了一件长袍。在此后2000多年的时间里，中国人一直被要求保守丝绸生产的秘密，否则会以死刑论处。

在欧洲，人们提出了各种稀奇古怪的想法，来解释"国王之布"的起源。人们认为它是从爆开的蜘蛛体内提取出来，或者是从土壤中分离出来的。其他观点则认为它是由花瓣或多毛的叶子产生的。最终，真相浮出水面。根据传统的说法，桑蚕养殖的秘密是被日本人窃取的，他们从中国偷偷带走桑树、蚕卵和4名女子，并建立了自己的桑蚕业。印度的做法则较为文明。据说，桑树的枝条和蚕虫是作为头饰，随一位嫁给印度王子的中国公主来到了南亚次大陆。它们被引入欧洲的传说同样十分怪诞。公元6世纪，拜占庭帝国皇帝查士丁尼（Justinian）委任了两名修道士来完成这项任务。经过多年的辛苦劳作，这两名教会的秘密特工将桑树枝条和蚕卵藏在中空的手杖中，并成功地把它们带出了中国。

到了17世纪，英国国王詹姆斯一世（James Ⅰ）对丝绸进口的高额成本感到担忧，于是他颁布了一项著名的法令，鼓励种植桑树和养殖桑蚕。上万株桑树以3法寻一株或者6先令[①]100株的价格售

---

① 法寻，英国旧硬币，1法寻值1/4旧便士；先令，英国1971年以前的货币单位，1先令值12旧便士，20先令合1英镑。

出。有一段时间，人们可以按每年 1 英镑的价格租用 1 棵桑树。许多当年栽植的桑树活到了今天，而且几乎每座英国豪华古宅都声称他们曾经拥有过 1 棵桑树。詹姆斯一世也在其宫殿附近的威斯敏斯特（Westminster）购买了 4 英亩土地用来种植桑树。这片耗资 935 英镑的土地现在成了白金汉宫的花园。这些钱包括对场地进行平整、修建围墙和种植桑树的费用。不幸的是，国王似乎被误导了，因为传说中国的桑树在英国长不好。于是，这片国土上种的是黑桑树，但它们全都不受蚕的青睐，因此在英国生产丝绸的尝试失败了。

另一个传言是，1609 年，莎士比亚从国王的威斯敏斯特花园中获得了 1 棵桑树，然后他把这棵桑树种在了自己的故乡埃文河畔斯特拉特福（Stratford-on-Avon）。直到 1752 年，这棵树才开始繁盛起来。当时，这所房子的主人是一位名为加斯特里尔（Gastrell）的牧师，他砍掉了这棵桑树，以阻挡游客。来自莎士比亚之桑的木材似乎获得了一些与"真正的十字架"相关的属性，因为据说有数百个东西是由它制成的。[①] 此外，邱园声称他们拥有这棵树的后代。

直到今天，桑蚕丝依然被认为是品质最好的蚕丝，而且目前仍然有人从中国走私蚕丝。印度的报纸抱怨这种非法贸易对当地市场造成了负面影响。在每年 11 月到次年 1 月以及 3 月到 5 月这两段结婚旺季

---

① 莎士比亚逝世后 140 年，英国掀起了莎翁文化热潮，来莎翁故居观光的游客络绎不绝，这给当时入住莎翁故居的新主人加斯特里尔牧师造成很大困扰，特别是游客常常无礼地闯进故居的花园，随意摘取莎翁亲手栽植的桑树的枝叶，当时"莎翁的桑树"可是闻名遐迩的文化景点。牧师烦怒不堪，只好砍掉桑树。据说，牧师把莎翁的桑树卖给了一位商人，商人利用这棵桑树制作了许多工艺品。由于莎翁桑树制品过多，引发消费者质疑其真伪，商人不得不发誓保证他卖的全是真品。至于故居之外的地方栽种的"莎翁桑树之后代"，应该是来自当年那些非法入园摘取的桑树枝条吧。

图 8.2　历史上，桑树的价值和它在丝绸生产中的应用息息相关。

之前，人们对纱丽需求量的增加也会使蚕丝价格受到影响。因此，桑蚕养殖或许是一项不错的投资，但不要学英国皇室，事先多做一些调查可能会更显明智。

智利南洋杉

凭借不到 550 人，科尔特斯就征服了整个阿兹特克帝国。印加人屈服于皮萨罗（Pizarro）及其仅有 180 名征服者和少量战马的连队。但是，当佩德罗·德·巴尔迪维亚（Pedro de Valdivia）在 1541 年对智利南部的阿洛柯印第安人（Araucanian Indians，现在被称为马普切人［Mapuches］）发起进攻的时候，情况发生了变化。1554 年，巴尔迪维亚被印第安人抓获，之后被绑在树上斩首。有人说，印第安行刑人把他的心脏掏出来吃掉了！直到 1881 年，马普切人才最终被迫屈服，该地区也向欧洲移民开放。因此，1795 年当苏格兰海军的外科医生和植物学家阿奇博尔德·孟席斯（Archibald Menzies）在宴会上与当地人共进晚餐时，可想而知他有多么惶恐不安。当他偷偷地从桌子上抓了几把坚果塞进自己的口袋，这种恐惧变得更加强烈。阿奇博尔德的无礼并不是因为他钟爱高油分的食物，而是因为他想把被当地人奉为圣物的作物弄到手。这种作物是印第安人的主食：智利南洋杉。

智利南洋杉（或智利松）的拉丁名为 *Araucaria araucana*，这个名称是为了纪念智利南部的印第安人，而不是向非常受人喜欢的英国《卫报》填字猜谜游戏的编写者致敬。[①] 这种如今在英国郊区花园

---

① 《卫报》在推出填字游戏时，该字谜的编写者约翰·G. 格雷厄姆（John G. Graham）为自己取的笔名是"Araucaria"。

里很常见的常绿针叶树原产于智利和阿根廷，曾经在当地大片的森林中占据优势地位。它可以长到30米高，需要30~40年才能成熟。雌树产生的球果有人头那么大。经过两到三年球果成熟，它们会坠落到地面，此时里面仍然含有200多颗杏仁一般富含脂肪的种子。由于这些种子很容易收获，加上它们具有很高的能量，使得孟席斯认为它们可能成为未来的一种神奇作物。经过计算，只需要18棵成熟的雌树和3棵伴生在一起的雄树，就可以满足一位成年男性一年所需的能量。不幸的是，只有等到它们开出球花的时候人们才能确定这些树的性别。因此，可能需要等待超过30年的时间，我们才能调整这些树的性别比例。今天单一物种饮食的概念听起来相当无趣，但对于多年来习惯了海上生活的苏格兰外科医生来说，这是一个很有吸引力的前景，值得为此犯下严重的社交错误。

一回到船上，孟席斯就小心翼翼地种下了他宝贵的种子。在绕行合恩角的旅途中，他充满爱意地照料着他的智利南洋杉。在乔治·温哥华（George Vancouver）任船长的"发现号"（*Discovery*）轮船上的漫长岁月里，为了寻找传说中的西北航道，温哥华带着孟席斯沿着太平洋以及北美和南美的西海岸航行。航行的困苦几乎葬送了孟席斯的所有植物。只有他的干标本和5棵宝贵的智利南洋杉完好无损，这些干标本后来成为英国皇家植物园和爱丁堡皇家植物园的藏品。因此，在1795年智利南洋杉被引入英国时，不是作为一种珍奇的园艺植物，而是被誉为一种新的神奇作物，注定要为大众提供食物。这些植物被捐献给约瑟夫·班克斯爵士（Sir Joseph Banks），其中1棵在邱园一直活到1892年。

不幸的是，智利南洋杉不仅没有对英国的饮食做出任何贡献，而且由于过度砍伐，智利当地的南洋杉也遭受了严重的衰退。曾经广阔的南洋杉林消失了，只剩下两个小种群，一个沿着海岸，另一个位于智利与阿根廷的边境。根据《濒危野生动植物物种国际贸易公约》，智利南洋杉的国际贸易是非法的。不过，现在起诉阿奇博尔德·孟席斯已经太晚了。他为了梦想而冒的风险比罚款要大得多。

洋蓟

根据希腊神话，曾经有一个美丽的年轻女孩，名叫辛娜拉（Cynara），住在爱琴海的济纳里岛（Zinari）。有一天，当众神之王宙斯拜访他的兄弟波塞冬时，在海边发现了这个可爱的凡间女孩。辛娜拉对神的存在并未感到不安。宙斯一定把这当成了默许，立刻前去勾引这个少女。宙斯想要把她带到位于奥林匹斯山的家中，便将辛娜拉变成了一位女神，让她和其他的神生活在一起。然而没多久，宙斯却冷落这位新女神，转而宠爱他的妻子赫拉。辛娜拉很快就想家了，所以她决定偷偷回家去看一看。当宙斯发现她所做的事情后，顿时勃然大怒，并把她赶出了奥林匹斯山。她回到了凡间，化为一种植物，即我们所知的洋蓟（中文正式名为菜蓟），其学名为 Cynara scolymus。

不可思议的是，这种不寻常的可食用的蓟与美丽的女性有着长久的联系。1947 年，年轻的诺尔玛·琼·贝克（Norma Jean Baker）在卡斯楚维尔洋蓟节上被冠为"加利福尼亚洋蓟女王"，由此开启了自己作为玛丽莲·梦露（Mariiyn Monroe）的超级明星生涯。

自从宙斯从奥林匹斯山驱逐了辛娜拉，洋蓟的受欢迎程度经历了一场过山车式的旅程。对古希腊人和古罗马人来说，洋蓟是一种美味佳肴和催情剂。有人认为它们可以让人生男孩。尽管如此，这一观点并没有被人们普遍接受，比如古罗马作家老普林尼就认为"它们是地球上最为畸形的东西之一"。随着罗马帝国的灭亡，洋蓟逐渐失宠。直到16世纪，14岁的凯瑟琳·德·美第奇嫁给了法国的亨利二世，局面才发生扭转。凯瑟琳被认为是在北欧推广洋蓟的功臣，据说她曾有一次吃了太多洋蓟，导致腹泻严重，甚至认为自己会死去。

短短200年后，洋蓟就不再被视为皇室的时髦食物，还被德国作家约翰·沃尔夫冈·歌德（Johann Wolfgang Goethe）视为意大利农民所吃的食物。纵观历史，意大利人似乎比其他任何国家的人都更欣赏洋蓟，并将这种对洋蓟的喜爱带到了美国。19世纪20年代，纽约的意大利裔美国人成为这一作物的重要消费群体，以至于黑手党把注意力转向洋蓟贸易。黑手党成员西罗·泰拉诺瓦（Ciro Terranova）成了人们熟知的"洋蓟王"，以其被称为"洋蓟战争"的恐怖统治垄断了这一市场。他摧毁了竞争对手的作物，用砍刀将其砍成碎片。注意，他们砍碎的是洋蓟而不是他们的竞争对手！

到1935年，纽约市长费奥里罗·拉瓜迪亚（Fiorello LaGuardia）已经忍无可忍，宣布形势严峻，因此他禁止出售、展示甚至持有洋蓟。与禁酒令不同（纽约的禁酒令持续了13年，并已在1933年前结束），对洋蓟的禁令非常短暂，可能是因为拉瓜迪亚自己就很喜欢吃洋蓟。这条禁令仅仅维持了一周就被解除了。然而，这足以让人们看到洋蓟价格的暴跌，并打破了黑手党对其供应的垄断。也许令人遗憾的是，洋蓟禁令结束得太过迅速，导致人们无法看到专营洋蓟的地下

图 8.3　洋姜并非如它的英文名所示来自圣城耶路撒冷。
它是为数不多的起源于北美地区的几种农作物之一。

餐桌植物简史

窝点，或者为美化坠入凡间的女神辛娜拉的形象而建立的地下酒吧。现在，几乎所有的比萨餐厅都公开合法地提供"四季比萨"，它用洋蓟代表春天，油橄榄代表夏天，蘑菇象征秋天，火腿象征冬天。

与被过分美化的洋蓟不同，其远亲洋姜（中文正式名为菊芋）是向日葵属的成员。洋姜的英文名很有误导性，[①] 因为这些具有和马铃薯很像的可食用块茎的植物起源于北美洲，最初是在俄亥俄河和密西西比河流域被驯化的。和洋蓟一样，洋姜的名声好坏参半。尽管许多人认为它是一种美食，但其块茎储存的是菊粉（inulin）而不是淀粉的这一事实却是喜忧参半。在消化过程中，菊粉被分解为果糖而不是葡萄糖，这对糖尿病患者来说是个好消息。不幸的是，对很多人来说，消化菊粉的过程会产生大量的肠胃胀气，以致人们将这种植物称为"呛屁"（fartichoke）！

凤梨

你可能会认为凤梨的形状是如此的与众不同，以至于它不容易被误认为其他东西。然而，托尔·海尔达尔（Thor Heyerdahl）[②] 却把古罗

[①] 洋姜的英文名为 Jerusalem artichoke，直译为耶路撒冷洋蓟，但其起源地却与耶路撒冷无关。

[②] 托尔·海尔达尔（1914—2002）是名噪一时的挪威探险家、人类学家。他曾做过一个举世叹服的航海实验：1947 年，他驾驶手工制作的仿古木筏，从南美洲的秘鲁出发，航行近 7000 公里，耗时 101 天，到达太平洋中南部、法属波利尼西亚的图阿莫图群岛（Tuamotu Islands），史称"康-提奇远征"（Kon-Tiki expedition）。其目的是验证他的一个观点：太平洋波利尼西亚群岛的最初居民是公元 5 世纪从南美洲的秘鲁漂洋向西而来的。之后，托尔继续开展其他航海之旅，旨在证明相隔遥远的中古人类也可以进行长途航海，从而接触彼方，并在不同文明之间建立联系。2011 年，托尔·海尔达尔档案被列入联合国教科文组织的"世界记忆"名单。档案跨度从 1937 到 2002 年，囊括了托尔的摄影集、日记、私人信件、探险计划、文章、剪报、原著和手稿。

马被毁的庞贝古城壁画和古埃及古墓中发现的陶器上的一些图案理解为凤梨，并把它作为前哥伦布时代跨大西洋贸易的证据。至今仍然有人相信托尔·海尔达尔的观点！

自16世纪凤梨从南美洲传入欧洲以来，它独特的形状一直被用作享乐的奢侈品的象征。1661年，查理二世被赠予这种奇怪的进口水果的景象被画了下来。18、19世纪，当一群园丁在温室里充满爱意地照料凤梨，并用煤火或一堆腐烂的粪肥来为温室供暖时，贵族们使用凤梨作为其社会地位象征的做法已经颇为流行。园丁们的任务是培育出更大的水果，给贵族阶层奢华的桌面装饰画龙点睛。由于民族自豪感作祟，英国驻巴黎大使曾在1817年（利用凤梨的"贵族象征"）羞辱了法国人，他坚持认为，如果不派自己的外交马车前往伦敦的话，法国人就不可能获得高档的水果来开办宴会。1821年7月，卡德勋爵（Lord Cawdaw）的园丁培育了一种巨大的重达10磅8盎司的水果，它产自英国。在美国，人们可以在晚会需要的时候租用进口水果，但只有非常富有的人才会买凤梨吃。然而，所有这些都被邓莫尔伯爵四世（4th Earl of Dunmore）"超越"了，他在斯特灵郡（Stirlingshire）的庄园中打造了一座凤梨外形的装饰性建筑，至今还矗立在那里。

凤梨是一个热带植物家族（凤梨科）中一种不寻常的植物，因为它长在地面上。在南美洲的热带森林中，这个科中几乎所有其他成员都生长在高高的树顶上。这一策略似乎是在茂密的森林中演化而来的，因为在那里到达地面的光线不足，无法维持植物的生长。凤梨在性偏好方面的演化和大多数作物比起来也很不寻常。它与其所有近缘物种的不同之处在于它不能进行自交。为了生产种子，凤梨必须要有两个以上的个体，因为这种植物能够识别自己的花粉粒，并阻止它们与自己的卵细胞结合。一般来说，在大多数作物的驯化过程中，人们往往会选择不需要与其他植株生长在一起就能"自给自足"、高效地结出果实的个体。凤梨是这个规则的一个例外，尽管栽培的凤梨具有潜在的结籽能力，但也会长出没有种子的果实，而且确实人们更喜欢无籽的水果。因此，选择那些没有其他植株就无法产生种子的植物，再把它们单独种植或把遗传物质完全相同的凤梨植株（以营养繁殖的方式）种在一起，就能确保只生产出理想的无籽水果。

在它的起源地南美洲，蜂鸟可以为每株凤梨的100～200朵花传粉，结果是每颗果实可以产生2000～3000粒5毫米长的种子。因此，为了保护凤梨的"贞洁"，即避免这种昂贵的商业作物产生不需要的种子，美国的夏威夷州采取了不同寻常的措施，将所有蜂鸟列为非法动物，宣称它们是不受欢迎的外来物种。

尽管巴西、委内瑞拉和特立尼达等地的一些地方已经报道了野生凤梨，但人们认为这些野生凤梨很可能是被遗弃的栽培植物的后代，而不是真正的野生凤梨。凤梨的驯化在欧洲人到来之前就已经开始了，但这一过程究竟发生在哪里还不确定。欧洲人第一次与这种水果接触是在加勒比群岛的瓜德罗普岛（Guadeloupe），也就是哥伦布第二次前往新大陆时，于1493年11月4日登陆的岛屿。虽然哥伦布自己的航海日志并没有保存下来，但船员米歇尔·德·库内奥（Michele de Cuneo）的记录里说他们发现了一种松果形状的水果，这种水果是松果的两倍大，且非常好吃，有益健康。同一篇记录里还描述了另一种当地美食，即岛上的原住民会把两个被阉割的小男孩养肥以后用锅煮食。在加勒比海地区，人们吃凤梨的时候经常配一小撮盐，这恐怕也是同类相食的最佳食用方法，这样的故事常常被用来证明当地人的野蛮行径。

1874年，亚速尔群岛（Azores）上的人们发现燃烧木材产生的烟雾可以用来诱导凤梨开花。这样做可以确保植株同步结实，从而提高收获的效率。后来，当人们意识到烟雾中的乙烯是活性成分的时候，种植者采用了将碳化钙（它能与水发生剧烈反应，产生乙炔，乙炔和乙烯有类似的催熟作用）放置到植物顶端的做法。然而，若是放了过多的碳化钙，再遇上一场倾盆大雨和一阵电闪雷鸣，那么砰的一声，你的水果可能就爆炸了。此外，碳化钙中经常含有砷这种污染物，所以现在的凤梨往往是通过使用乙烯气体来催熟的。

凤梨的栽培并非没有其他风险。这种水果含有凤梨蛋白酶，那是一种蛋白质消化酶的混合物，可以提取出来作为嫩肉粉。这些酶经常会"消化"掉凤梨工人的指尖，但对于这种象征高贵地位的植物来说，这是一个很小的代价。

本章可包含的作物的清单似乎没完没了。这一事实很清楚地说明了作物的经济价值对其驯化有显著影响。控制重要作物的供应意味着巨额的财富，人们受到贪婪的驱使，使得植物材料一而再、再而三地被偷窃、走私、毁坏和重新种植。在下一章中，我们将讨论维持经济现状如何限制了我们在驯化新作物方面的眼界。甘蔗是一个罕见的例外，人们试图打破供应垄断的努力却直接导致了另一种作物的驯化。

第九章　50 种绿色

最后一章指出了一个事实，即我们似乎更倾向于驯化来自养分富足的栖息地的植物。在作物驯化史上，人们曾经意识不到这一事实和传粉策略的重要作用。对于我们为什么依赖如此少的作物种类这一问题，早期尝试做出的解释认为，限制因素是合适植物的可获得性。对此我的看法是，我们自身的想象力、偏见、传统和既得利益，限制了我们目前种植和消费的物种数量。如果这是真的，那将来我们也许能享受到大量的新水果和新蔬菜，它们对我们的健康有益，而对世界有限资源的需求则不高。

人们经常说，因纽特人有 50 个形容雪的词汇，然而这是杜撰的；更接近事实但几乎从来没人引用的一句话是，冰岛语中有 45 个描绘绿色的词。实际上，在大多数语言里，比起其他颜色，用于区分绿色程度的词汇都更多。这是因为我们生活在一个以绿色为基调的星球上，自然选择的力量赐予人类这个物种一双对光谱中的绿色区段特别敏感的眼睛。我们已经"演化"成敏锐的植物学家，具有区分植物种类的能力。集约经营的农业用地往往比广阔的原野呈现出更明亮的绿色。当面对风景照片时，人们更喜欢绿意强烈的画面。这种偏好背后隐藏着很直观的生物学原因。我们的作物往往具有特别明亮的绿色，因为亮绿色表示它们的营养价值更高。

人们发现，作物的许多野生亲戚都生长在沿海地区和洪泛区，这绝非巧合。这些栖息地在自然条件下都非常肥沃，因为海鸟排出的粪便或丰富的沉积物会变成栖息地的养分。卷心菜、胡萝卜、甜菜、芦笋、豌豆、苋科的众多成员和皱叶甘蓝都曾分布于沿海，许多谷物的家乡则在肥沃的河谷。现代农业通过向耕地中施加大量的合成化肥来模拟那些肥沃的土壤条件。在此之前，人们开采石化的海鸟粪便作为肥料，几乎完全仿造海岸生物的栖息地。随着这些宝贵的资源被消耗殆尽，富含矿物的岩石和人工氮肥取而代之。含矿岩石同样是有限的资源，而人工氮肥的生产过程需要大量的能源。很多人质疑这套农业形式的长期可持续性，但目前人类对作物的这种大力迎合使我们能够保持作物郁郁葱葱的外观和较高的营养价值。

作物与自然界中非典型的高土壤肥力之间的联系，造就了它们与大多数未受驯化的植物的区别，后者的生活环境养分较低。许多植物的根系及其周围都生活着共生真菌。最近的分析表明，单株植物的根系中可能存在几百种真菌。目前我们还不知道某些真菌起什么作用，但有很多和植物形成了菌根共生体。由于真菌长出的菌丝比植物的根细很多，所以它们能与土壤接触得更紧密。因此，真菌能比植物更有效地提取可利用的养分。它们将这些矿物质转移到它们的宿主植物体内，作为交换，这些地下真菌可以获得宿主植物通过光合作用制造的糖分。在现代农业体系中，这种关系破裂了。大量的人工养分被添加进土壤，植物可以吸收的氮、磷和钾十分充足，于是不再用宝贵的糖分来交换矿物质以维持自身的生长速度。这种情况下，土壤真菌的多样性便迅速下降。

最后，我们开始了解，如果植物想成功地当选为作物，它们应该在自己的"简历"上展现哪些品质。首先是富含营养。不管是储存大量的碳水化合物，还是像豆类一样可以通过固氮作用富集矿物质，或者能与肥沃的土壤建立联系。另一项能使一些植物被驯化为作物的重要技能是易于储存。拥有可以长期储存的谷粒、种子或果实，是一个真正的加分点。还有一种进入"万神殿"的途径是具有强烈的个性。或者更准确地说，要包含一系列味道或气味美妙、能够抗菌或者致幻的化学物质。相反地，也许令人惊讶的是，有毒物质的存在并不会阻止植物被成功驯化。虽然驯化过程的一部分通常包括选择毒性较低的个体，但许多重要的作物中仍然含有潜在的致命化合物。

作为一种潜在作物，除了拥有上述特质之外，你的潜在"雇主"还会问一些关于"性取向"的政治不正确的问题。大多数作物主要由泛化的昆虫传粉。这使它们在拥有不同昆虫种类的地区都能成功定居。然而，我们所消耗的大部分食物实际上都源于风媒传粉的谷物。如同可由多种昆虫传粉的作物，这些风媒植物几乎能在任何地方生长，因为微风总会携带一些花粉使它们受精并结出种子。因此，作物驯化的选择标准包含了更多期望特征而非必需特征。而且，在不理解遗传机制的情况下，运气似乎对驯化过程起了重要作用。即便如此，成功入选的物种数量仍然非常少。

在科学领域，真正的天才所做的事往往是找出重要问题，而不是成功地回答这些问题。但困难在于这些问题总是格外明显，以至于被完全忽略了。加利福尼亚大学的地理学教授贾雷德·戴蒙德（Jared Diamond）是所有领域的通才，他率先意识到农业只依赖于少数的植物和动物种类这一事实，而这一事实需要一个解释。戴蒙德认为，驯化是人类历史上最重要的事件，理解农民为什么利用某些物种而不是其他物种，将有助于回答现代世界为什么会被欧亚文化主宰。根据戴蒙德的说法，植物本身的局限性限制了可供选择的作物数量。为了支持这一观点，他给出了 6 条独立的证据：

1. 历史上，从欧洲和亚洲引入其他地区的作物都被迅速接纳了。这表明，能够成为理想作物的物种数量是有限的。

2. 对大多数作物来说，驯化过程发生在很久以前，且非常迅速。这意味着人类很快就识别出了那些有潜力成为优秀作物的植物。

3. 许多重要的作物曾被独立驯化了多次。这说明，和其他植物相比，那些被选中的植物在某些情况下确实很特殊。

4. 现代驯化的作物很少。这表明适于驯化的植物储备已经耗尽。

5. 前农业时期，人类利用的植物种类比我们今天利用的多得多。这一观察结果表明，在确定当前有限的驯化成果之前，我们最初"筛除"了许多可能的替代方案。

6. 野生植物的许多特性限制了它们作为潜在作物的用途。最后，大多数植物不适合成为作物的原因便是它们很难被驯化，因为它们拥有人类不需要的特性。

相比以上内容，戴蒙德的局限性列表更长，也更复杂。我们依次来看他提出的每一条证据。

1. 正如我们看到的，一般来说新作物被引入一个地区后确实会相对迅速地被当地人接受。不过，由于植物或人类需要一段时间来适应，所以往往会有一段滞后期。戴蒙德对当前欧亚作物占全球主导地位的关注隐含着一个观念，认为它们在某种程度上是优越的。同样的论点也适用于这些文化的其他元素。但是，也许不好说如今的棒球帽、T恤、西装领带等普遍的装束，在根本上比它们所取代的传统服装体现出了更好的设计。事实上，相比于当地其他的传统元素，地方特色作物似乎更成功地避免了被外来作物取代。不光是作物，这一观点同样适用于农业系统。传统的基于轮作和混作的多样性农业系统已经多次被单一作物栽培所取代。这并不是说单作必然是优越的。生态学理论越来越多地表明，多物种系统对天气变化的适应性更强，更不易受到害虫和疾病的影响，而且有可能比单作的产量更高。欧亚作物之所以在全球范围内具有重要意义，完全有可能是因为它们是由占主导地位的文化和殖民力量推动的，而不是因为它们真的就是更好的作物。

2. 大多数作物在很早以前就被迅速驯化的说法似乎是一种粗略的简化。驯化似乎更像一个循序渐进的过程，而非一个特定事件。一些农作物，如甘蓝，曾多次在被栽培和被遗弃之间徘徊往返。某些情况下，栽培作物和野生种群之间的基因流使得人们对它们的定义变得非常随意。在第二章，我们发现尽管可可已经被驯化了几千年，但对于贡献了世界上大部分巧克力的植物，往上追溯一两代，都是在亚马孙地区天然生长的可可树。猕猴桃的驯化似乎还没有开始，野生和驯化的群体可以任意杂交和分离，这使得物种的界限变得十分随意。

3. 很难证明许多重要的作物没有被不止一次地独立驯化。我们已经在甘蓝和几种葫芦科植物里见过这种现象，尽管这不是一种普遍现象。更引人注目的是，第七章记载的4个主要植物家族在整个世界文明进程中受到了反复驯化。然而，这些事实只是表明某些植物或植物家族特别适合被驯化，而不表示大多数物种没资格转变成作物。

4. 戴蒙德认为，没有什么重要作物是现代人驯化的。如果我们对驯化过程有所了解，这点似乎最容易反驳，且可供反驳的例子比比皆是。现在英国最常见的两种作物是多年生的黑麦草和白车轴草。目前，这两种植物在世界上大部分温带草原都有广泛的栽培。然而，不到100年前，这些牧草明显不那么常见，是真正的野生植物。即使在今天，它们仍然分布在许多古老的草原上，但通常只占据一小块地盘。过去一个世纪里，它们经历了激烈的植物育种过程；现在，大部分肥沃的农用草地、草坪和运动场会定期重新播种这些植物的众多品种，但各品种的市场寿命只有短短几年。品种的快速更新可以衡量这些物种的驯化速度。大多数人在公园草地散步时，都没注意到这些变化。但是，从事农业的人都知道，黑麦草和白车轴草的栽培品种与它们的野生祖先有很大不同。证据是，农民需要定期为投入额外的种子

图 9.1　尽管白车轴草是近期才被驯化的作物,
但它已经是经典的禾草–豆类牧草组合的重要成员。

成本做准备，以获得更高产、更抗逆境、糖分更高或者具有特定生长方式的最新品种。

考虑到如此重要的驯化事件发生在近期，我们回顾其中涉及的因素似乎是明智的，因为这些事件存在靠谱的记录。不要费力地去推断一根7000年前的"原始"黄瓜所经历的事情，它没有留下多少存在的证据。禾草和牧草的早期种植者所写的书显示，当年人们并没有立即认识到黑麦草和白车轴草是他们的主要培育对象。在确定禾草-豆类组合之前，他们考虑了各种各样可能的选择。令人惊讶的是，这其中就有现在被认为是杂草的长叶车前。重要的不是育种者最初筛选了许多备选物种，而是这些物种为何被如此迅速地抛弃，使得人们把精力集中在"选中的物种"身上。这当中包括很多原因。人们很快掌握了被选中物种的农艺学和遗传学专业知识，却同样迅速地遗忘了其他考虑过的物种。驱使人类把注意力集中在少数物种身上的主要因素似乎与演化过程有相似之处。

1932年，伟大的美国演化生物学家休厄尔·赖特（Sewall Wright）提出了"动态平衡理论"。根据这个理论，物种很难从一种演化方案转而采用另一种更好的方案，除非这个过程中的一切步骤都是对前一种方案的改进。赖特使用了山地景观的比喻来帮助解释这个过程。一旦物种到达一个小山丘的顶点，在它们到达任何更高的（更适应的）山峰之前，它们就很难停止演化并从这个山丘上降下来。作物驯化很可能和这个过程非常相似。一旦一个野生的祖先种被选为驯化对象，它可能就会被迅速改良，使它变得优于其他未驯化的物种。这并不是说那些没被选中的野生植物最终不会成功变为更好的作物。

但当确信它们只是目前不如驯化过的植物那般好时，一个农民若是放弃前几代人的工作成果，转而在另一些植物上下赌注，便需要冒很大的风险了。再加上农民天然的保守主义思想，以及上一章所描述的，有时候巨大的经济利益会有助于维持驯化作物的地位，你大概会开始相信，未能驯化更多的作物是人类自身的原因，而不能归咎于植物本身。

5. 戴蒙德提出的倒数第二个支持他观点的证据是，前农业时期，人类采收和食用的植物种类比我们今天要广泛得多，这表明植物的适应性是驯化的一个限制因素。虽然这毫无疑问，但这项观察结果无法解释现代人类为什么栽种了大量用于香料、香草、生物燃料、纤维、装饰品以及用作木材、药物和软毒品的植物种类。实际上，所有这些都源自人工管理的植物群体，都是其野生近缘种的遗传变种。事实上，考虑到我们目前生活在一个全球化市场里，所有人都可能在利用比我们遥远的祖先所接触的更广泛的植物。我们已经看到，人类利用植物的方式几乎无上限，植物并没有受到驯化潜力方面的限制。

6. 最后，戴蒙德指出了一些阻止某些潜在作物被开发利用的性状。这个论点与前面提到的类似。例如，戴蒙德比较了驯化的巴旦木和未被利用的有毒橡子。这个例子我们在第三章讨论过。在这本书中，我认为物种之所以会受到栽培，很大程度上取决于植物的繁殖习性。这便解释了为什么兰科虽为植物王国中最多样化的家族，却对我们的食谱几乎没有贡献。同样的原因也解释了为什么温带果树是由昆虫传粉，而大多数落叶林却以风媒传粉型树种为主。话虽如此，植物的繁殖方式总体上还是相当自由可变的。在驯化过程中，人类频繁选择具有自花传粉能力的物种。因此，尽管某些植物的特性似乎使它们比其他植物更易于被驯化，但我们的作物种类如此多样这一事实，表明几乎一切物种都有入选作物驯化名单的资格。进一步支持这一观点的现象还有：许多重要的粮食作物，如木薯、马铃薯甚至小麦，仍然含有高浓度的有毒化学物质。如果毒性都不能阻止植物成为重要的粮食作物，那还有什么可以呢？

戴蒙德的核心论点是，被驯化的植物种类如此之少是由于植物本身的局限性。人类拒绝栽培的那批植物要么有毒，要么至少是很难吃的。由多基因控制的口味不佳这一特性意味着挑选出可食用的变种极具挑战性。因此，我们遥远的祖先在数代以前就排除了这些不合适的候选物种。为了强调这一点，戴蒙德断言，相比之下那些人们偏爱的少数物种更容易被识别出来。因此，由于令人喜欢的稀有性状，它们在不同时刻、不同地点被发现，或在世界各地传播。前几章中我曾提出，有时植物的性行为很大程度上限制了某些物种的利用，比如兰花，否则它们似乎是非常理想的驯化物种。然而，也许令人惊讶的是，第四章表明，含有剧毒并不会使植物失去被成功驯化的资格。事实上，与之几乎完全相反的情况看起来才是对的。我们发现，许多最重要的主粮作物很可能含有一套防御性化学毒物，用来保护它们宝贵的富含能量的贮藏器官。

在排除了含有有毒物质会限制一个物种被驯化的可能性之后，我提出，对我们如此狭窄的食物选择最应该负责任的是我们自己。我们在尝试新食物时怀着自然保守主义，那意味着一旦我们吃惯了某些植物，就不太可能尝试其他植物，除非遇上了饥荒。当最初几代人选择的作物产量或适口性迅速得到提高时，若是丢弃这些优势而回归未驯化的植物则需要冒很大风险。人类记忆中有记录的驯化事件说明，我们会迅速遗忘曾经考虑过的候选植物，如同我们迅速了解栽培品种一样。最关键的是，种植或交易有重要商业价值的作物所产生的经济利益（见第八章）意味着，纵观历史，人们总是会动用强权来反对那些尝试开发替代作物而威胁到现状的人。所有这些因素加在一起便阻止了大多数野生种的驯化。如果我们把现代的胡萝卜与它又小又细的祖先相比，只有借助最生动的想象，我们才能设想如果践行其他驯化路线会出现怎样的作物。

最终我们要问，我们消费这么少的植物种类真的是个问题吗？驯化失败的原因究竟是像戴蒙德说的那样在于植物本身，还是（我认为的）在于人类天生的保守主义思想和不愿重新来过？这个问题真的重要吗？如果后一种解释正确，如果我们能够解放自己的想象力，那么就有可能出现一个全新的充满可能性的世界。事实上，我在这一章的开头曾建议，尝试开发一些可以在较贫瘠的营养条件下生长的新作物，这比开发目前与现代集约型农业相匹配的作物更有必要。植物育种学家已经开始探索这些可能性。随着我们的星球经历了与二氧化碳浓度升高相关的气温上升，作物遗传学家开始发掘全新的作物，如象芒甚至海藻，这些植物具有更强的光合作用能力，并且能比以往任何时候固定更多的碳。未来随着磷酸盐和钾盐的自然储量被耗尽，我们或许需要考虑驯化菌根植物，因为它们能在低营养条件下茁壮成长，以取代目前这些对营养饥渴不已的作物。

图 9.2　直到近期，黑麦草还是一种生活在肥沃的河岸草地上毫不起眼的多年生野草。如今，这个物种的单一种植田已主导了广阔的温带农业用地。

餐桌植物简史

从历史角度看，作物驯化是在对遗传学缺乏理解的情况下发生的。新的分子生物学技术使整个基因组测序变得简单，这意味着人们现在比以往任何时候都能更快速地培育出潜在的全新农作物。唯一的限制是，人类不愿接受这样的改变。对作物驯化历史的研究表明，几千年来，这个过程一直是不自然的。我们的许多传统作物都是亲本不确定的人工杂交品种，隐含了数千个源自毫不相关的几个物种的基因。尽管如此，许多人还是对含有一两个已知来历的基因的植物心存疑虑。这些转基因作物被贴上了"不自然"的标签，并被那些科学素养与古代农民差不多的人回避了。那些古代农民给予我们有毒的马铃薯、充满氰化物的木薯和富含麸质的小麦。事实上，对地球上大多数有机体以及生命演化史的大部分进程而言，发生遗传混合的唯一方式，是基因在物种之间的"跳跃"。代表物种是细菌和病毒，它们常常在彼此之间进行基因水平转移。

实际上，病毒也经常在风马牛不相及的高等生物体之间转移基因。所以，我们都包含这样的基因！我们都是转基因生物！我们或许更有理由认为，有性生殖反而是不自然的。性是一种相对晚出的演化发明，且仅由少数物种实践着。事实表明，我们一直在进行基因修饰。不过总有一天，大家又会激进地认为，人类对于那些所谓性行为"不正常"的个体之偏见，限制了我们拥抱改变，并发展出更美好、更可持续的未来的能力。

参考文献（注：文献按各章中的使用顺序排列。）

第一章

Dickson, J. H., Oeggi, K., Holden, T. G., Handley, L. L., O'Connell, T. C. and Preston, T. (2000) The omnivorous Tyrolean Iceman: colon contents (meat, cereals, pollen, moss and whipworm) and stable isotope analyses. *Philosophical Transactions of the Royal Society of London*, 355: 1843-1849.

Moretzsohn, M. C., Hopkins, M. S., Mitchell, S. E., Kresovich, S., Valls, J. F. and Ferreira, M. E. (2004) Genetic diversity of peanut (Arachis hypogaea L.) and its wild relatives based on the analysis of hypervariable regions of the genome. *BMC Plant Biology*, 4: 11.

Zavaleta, E. G., Fernandez, B. B., Grove, M. K. and Kaye, M. D. (2001) St. Anthony's Fire (Ergotamine Induced Leg Ischemia): a case report and review of the literature. *Angiology*, 52: 349-356.

Archer, J. E., Turley, R. M. and Thomas, H. (2012) The Autumn King: remembering the land in King Lear. *Shakespeare Quarterly*, 63: 518-543.

Gerard, J. (1597) *Herball, or generall historie of plantes* [Online] Available from: <http://caliban.mpipz.mpg.de/gerarde/index. htm>. [Accessed: 22nd September 2014.]

第二章

Nabhan, G. P. (2011) *Where our food comes from: retracing Nikolay Vavilov's quest to end famine.* Washington, DC: Island Press.

Smartt, J. and Simmonds, N. (1995) *The evolution of crop plants*. Second Edition. New York: Wiley-Blackwell.

Gross, P. (2010) *Superfruits*. New York: McGraw-Hill.

Warren, J. and James, P. (2006) The ecological effects of exotic disease resistance genes introgressed into British gooseberries. *Oecologia*, 147: 69-75.

Chat, J., Jáuregui, B., Petit, R. J. and Nadot, S. (2004) Reticulate evolution in kiwifruit (Actinidia, Actinidiaceae) identified by comparing their maternal and paternal phylogenies. *American Journal of Botany*, 91: 736-747.

Wood, G. A. R. and Lass, R. A. (2001) *Cocoa*. Fourth Edition. London: Wiley-Blackwell.

Vaughan, J. and Geissler, C. (2009) *The new Oxford book of food plants*. Oxford: Oxford University Press.

Darwin, C. (1868) *The variation of animals and plants under domestication* (Volume 2). London: John Murray.

Purugganan, M. D., Boyles, A. L. and Suddith, J. I. (2000) Variation and selection at the cauliflower floral homeotic gene accompanying the evolution of domesticated Brassica oleracea. *Genetics*, 155: 855-862.

Phillips, R. (2014) *Wild food: a complete guide for foragers*. London: Macmillan.

第三章

Richards, A. J. (1997) *Plant breeding systems*. Second Edition. New York: Garland Science.

Cameron, K. (2011) *Vanilla orchids: natural history and cultivation*. Oregon, USA: Timber Press, Inc.

Irwin, R. E. and Brody, A. K. (1998) Nectar robbing in Ipomopsis aggregata: effects on pollinator behaviour and plant fitness. *Oecologia*, 116: 519-527.

Kjellberg, F., Gouyon, P. H., Ibrahim, M., Raymond, M. and Valdeyron, G. (1987) The stability of the symbiosis between dioecious figs and their pollinators: a study of Ficus carica L. and Blastophaga psenes L. *Evolution*,

41: 693-704.

Stewart, A. (2013) *The drunken botanist: the plants that create the world's great drinks*. North Carolina, USA: Algonquin Books, Workman Publishing.

Purseglove, J. W. (1968) *Tropical crops: dicotyledons*, Volume 1 & 2. New York: Wiley.

Heywood, V. H. (1983) Relationships and evolution in the Daucus carota complex. *Israel Journal of Botany*, 32: 51-65.

第四章

Hillocks, R. J., Thresh, J. M. and Bellotti, A. (2002) *Cassava: biology, production and utilization*. Wallingford, UK: CABI publishing.

Romans, A. (2013) *The potato book*. London: Frances Lincoln Limited.

Purseglove, J. W. (1972) *Tropical crops: monodicotyledons*. London: Wiley.

Adams, C. D. (1971) *The Blue Mahoe and other bush: an introduction to the plant life in Jamaica*. Singapore, New York: McGraw-Hill Far Eastern Publishers.

Eady, C. C., Kamoi, T., Kato, M., Porter, N. G., Davis, S., Shaw, M. and Imai, S. (2008) Silencing onion lachrymatory factor synthase causes a significant change in the sulfur secondary metabolite profile. *Plant Physiology*, 147: 2096-2106.

第五章

Purseglove, J. W., Brown, E. G., Green, C. L. and Robbins, S. R. J. (1981) *Spices*. Volume 1. London and New York: Longman.

Crawford, R. M. M. (2008) *Plants at the margin, ecological limits and climate change*. Cambridge: Cambridge University Press.

Rainsford, K. D. (ed.) (2004) *Aspirin and related drugs*. London and New York: Taylor and Francis / CRC Press.

Goodman, J. (1993/2005) *Tobacco in history: the cultures of dependence*. New

York: Routledge.

Bocsa, I. and Karus, M. (1998) *The cultivation of hemp: botany, varieties, cultivation and harvesting.* Sebastopol, California: Hemptech.

Subhadrabandhu, S. and Ketsa, S. (2001) *Durian: king of tropical fruit.* Wallingford, UK: CABI Publishing.

第六章

Readman, J. and Hegarty, P. (1996) *Fruity stories: all about growing, storing and eating fruit.* London: Boxtree Ltd.

Brown, T. A., Jones, M. K., Powell, W. and Allaby, R. G. (2009) The complex origins of domesticated crops in the Fertile Crescent. *Trends in Ecology & Evolution,* 24: 103-109.

Heslop-Harrison, J. S. and Schwarzacher, T. (2007) Domestication, genomics and the future for banana. *Annals of botany*, 100: 1073-1084.

Morton, J. F. (1987) *Fruits of warm climates.* Winterville, NC: Julia F. Morton. Grieve, M. (1971) *A modern herbal,* Volume 1 & 2. USA: Dover Publications Inc.

第七章

Harris, D. R. and Hillman, G. C. (1989) *Foraging and farming: the evolution of plant exploitation.* London: Unwin Hyman Ltd.

Beerling, D. (2008) *The Emerald Planet: How plants changed Earth's history.* Oxford: Oxford University Press, Inc.

Heywood, V. H. (ed.) (1993) *Flowering plants of the world.* Second Edition. New York: Oxford University Press, Inc.

Bisognin, D. A. (2002) Origin and evolution of cultivated cucurbits. *Ciência Rural*, 32: 715-723.

Heiser, C. B. (1973) The penis gourds of New Guinea. *Annals of the Association of American Geographers*, 63: 312-318.

Bush, M. B., Hansen, B., Rodbell, D. T., Seltzer, G. O., Young, K. R., León, B. and Gosling, W. D. (2005) A 17, 000 - year history of Andean climate and vegetation change from Laguna de Chochos, Peru. *Journal of Quaternary Science*, 20: 703-714.

第八章

Bligh, W. (2008) *The Bounty mutiny: Captain William Bligh's first-hand account of the last voyage of HMS Bounty*. Florida: Red and Black Publishers.

Moitt, B. (ed.) (2004) *Sugar, slavery, and society: perspectives on the Caribbean, India, the Mascarenes, and the United States*. Gainesville, Florida: University Press of Florida.

Tully, J. (2011) *The Devils milk: a social history of rubber*. New York: Monthly Review Press.

Willson, K. C. (1999) *Coffee, cocoa and tea*. (Crop production science in horticulture series, number 8). Wallingford, UK: CABI Publishing.

Roach, F. A. (1985) *Cultivated fruits of Britain: their origin and history*. Oxford, UK: Basil Blackwell Publisher Ltd.

Aagesen, D. L. (1998) Indigenous resource rights and conservation of the monkeypuzzle tree (Araucaria araucana, Araucariaceae): a case study from southern Chile. *Economic Botany*, 52: 146-160.

Dash, M. (2010) *The first family: terror, extortion and the birth of the American Mafia*. New York: Ballantine Books / Pocket Books.

Collins, J. L. (1961) *The pineapple: botany, cultivation and utilization*. London: Leonard Hill [Books] Limited.

第九章

Diamond, J. (2002) Evolution, consequences and future of plant and animal domestication. *Nature*, 418: 700-707.

Diamond, J. M. and Ordunio, D. (2005) *Guns, germs, and steel: the fates of human societies*. London: W. W. Norton and Company Ltd.

Voisin, A. (1960) *Better grasslands sward: ecology, botany, management*. London: Crosby Lockwood and Son Ltd.

译名对照表

A

acetylene　乙炔

acetylsalicylic acid　乙酰水杨酸

acorns　橡子

adaptation　适应

Aegilops speltoides　拟山羊草

aflatoxins　黄曲霉毒素

akees　咸鱼果

alexanders　马芹

aliens　外来物种

alkaloids　生物碱

allergies　过敏症

almonds　巴旦木

Amaranthaceae（spinach family）　苋科

Amelonado tree　阿门罗纳多，可可的
　栽培品种之一

amino acid　氨基酸

Anacardium　腰果属

ancestors, wild　野生祖先

annuals　一年生植物

anthocyanins　花色苷

anti-oxidants　抗氧化剂

aphrodisiac　春药

aroids　天南星科

artichokes; globe artichoke; *Cynara scolymus*
　洋蓟

arums　疆南星

asexuality　无性繁殖

aspirin　阿司匹林

aubergines　茄子

avocados　鳄梨

Aztecs　阿兹特克人

B

backcrossing　回交

barley　大麦

barren strawberry（*Potentilla*）　草莓
　委陵菜（一种委陵菜属植物）

biofuels　生物燃料

black bryony yam　普通薯蓣

blast, mystery phenomenon　名为"暴风"
　的离奇枯萎病害

blueberries　蓝莓

bogs, cranberry　蔓越莓沼泽

Boston Tea Party　波士顿倾茶事件

bottle gourd; cucurbits; gourds　葫芦

Brassicas　芸薹属

breadfruit　面包树

brewing 酿酒

broccoli 西兰花

bromelain 凤梨蛋白酶

Bromeliads 凤梨科

Brussels sprouts 抱子甘蓝

bulbs 鳞茎

C

cabbage 甘蓝

cacao; cocoa 可可（指食物）

cacao tree; *Theobroma cacao*
   可可（指植物）

caffeine 咖啡因

Cahoon family 卡洪家族

calcium oxalate 草酸钙

cannabis 大麻制品

capsaicin 辣椒素

carbohydrates 碳水化合物

carob tree 长角豆

carrots 胡萝卜

cashew nuts 腰果

cassava 木薯

caterpillars 毛毛虫

cauliflory 老茎生花现象

cauliflower 花椰菜

celery 芹菜

cereals 谷物

ceriman; Swiss cheese plant 龟背竹

chemicals 化学物质

   allergies 过敏症

   defence mechanisms 防御机制

   poisonous 有毒的

protective 有保护作用的

pungent 刺鼻的（辛辣的）

toxic 剧毒的

Chile pine; monkey puzzle; *Araucaria
   Araucana* 智利南洋杉

chillies; *Capsicum* spp. 辣椒

chloroplasts 叶绿体

chocolate 巧克力

chromosomes 染色体

citrus 柑橘

cleavers; sticky willy; goose-grass
   原拉拉藤

cleistogamy 闭花受精

clover 车轴草

cloves 丁子香

cob-nuts 欧榛

cockle; darnel; *Lolium temulentum*
   毒麦

coffee 咖啡

colchicine 秋水仙碱

companion planting methods 混作

contaminants 污染物

contamination 污染

coriander 芫荽

cork 软木塞

corms 球茎

corncockle; *Agrostemma githago*
   麦仙翁

corpse flower; *Amorphophallus*
   魔芋属（又称"腐尸花"）

cotton 棉花

cow wheat; *Melampyrum pratense*

草地山罗花

cowberry　越橘

cranberry　蔓越莓

Criollo tree　克里奥罗，可可的栽培品种之一

crocus　番红花

crops　作物

    alternatives　替代物

    definition　定义

    domestication　驯化

    economic value　经济价值

    failure　衰退

    famine　饥荒作物

    fruit　结果（结实）

    genetically modified　基因修饰的

    plants　植株

    potential　潜在的

    rotations　轮作

    tropical　热带的

    undomesticated　未驯化的

cross-pollination　异花传粉

Croton tiglium　巴豆

cuckoopint　斑点疆南星

Cucurbita pepo　西葫芦

currants　茶藨子

cuttings　扦插

cyanides　氰化物

D

dandelions　蒲公英

defences　防御

chemical　化学的

physical　物理的

toxic　有毒的

detoxification　解毒

Dictammus albus　白鲜

diet, human　人类的饮食

digestion　消化

diploids　二倍体

diseases　疾病

    fungal　真菌的

    hosts　寄主

    potato　马铃薯

    protection　保护

    resistance　抵抗力

    sudden death　猝死

    susceptibility　敏感性

dispersal mechanism　传播机制

domestication　驯化

    centres　中心

    crops　作物

    drivers　推动力

    events　事件

    feral species　野生物种

    inedible wild ancestors　不可食用的野生祖先

    poisoning avoidance　避免中毒

drought resistance　抗旱性

drugs　毒品

Duke of Argyll's tea plant; goji berries　枸杞（又称"阿盖尔郡公爵的茶树"）

durian; *Durio zibethinusis*　榴莲

dye　染料

E

East India Company　东印度公司

Eastman Kodak Company
　伊士曼·柯达公司

elephant grass; *Miscanthus giganteus*
　象芒

embargoes　禁运

embryos　胚胎

endemic crops　地方性作物

enzymes　酶

ergot　麦角菌

ethylene　乙烯

evolution　演化

　arms race　军备竞赛

　chromosomes number increase　染
　色体数量增加

　reticulate　网状进化

　sexual preferences　性偏好

F

fabrics　织物

famines　饥荒

fat hen　藜

females　雌性（植株）

fermentation　发酵

fertility　肥力

fertilization　受精

fertilizers　肥料

fibre　纤维

　food　食用

　non-food　非食用

Ficus　榕属

fig　无花果

fig wasps　榕小蜂

flammable　易燃的

flatulence　肠胃气胀

floral specialization　花部特化

flowering　开花

　behaviour　习性

　geographical isolation　地理隔离

　inducement　诱因

　synchronized, inability　同步不育

flowers　花

　buds　芽

　sex organs　性器官

food 食物

　bacterial spoilage, prevention
　防止食物因细菌而腐败

　contamination　食物污染

　fibre　可食用的纤维

　genetically modified　转基因食物

　poisoning　食物中毒

　storage organs　可食用的植物贮藏
　器官

forage species　饲料作物

Forastero tree　弗拉斯特罗，可可的栽
　培品种之一

frosts intolerance　不耐霜冻

fruiting, synchronized　同步结实

fungi　真菌

fungicidal　抑制真菌的

G

gender changing　性别改变

gene pool pollution 基因库污染

gene-bank 基因库

gene-flow 基因流

genes 基因

genetics 遗传

    control 控制

    diversity 多样性

    isolation 隔离

    modification （基因）修饰

    new sequencing methods 新测序方法

    resources 资源

    variation 变异

germplasm 种质

gibberellic acid 赤霉酸

gluten 谷蛋白（即麸质）

glycoalkaloids 配糖生物碱

goat grass; *Triticum tauschii* 节节麦

gooseberries 醋栗

grain 谷物

grapefruit 葡萄柚

grass-legume combination
    禾草-豆类组合

grasses 禾草

    defences 防御

    domestication 驯化

    economies domination 经济主导

    perennial 多年生植物

ground elder 羊角芹

Groundnut Scheme 花生种植计划

H

habitats 栖息地

hallucinations 幻觉

hard-shelled fruits 硬壳类果实

hazels 榛

Helicobacter pylori 幽门螺杆菌

hemp; *Cannabis sativa* 大麻

herbivores 食植动物

herbs 本草

hermaphrodites 雌雄同株

Holy Fire; St. Anthony's fire; ignis sacer
    麦角中毒（又称"圣火"或"圣·安
    东尼之火"）

hops; *Lupulus* spp. 啤酒花

hormones 激素

horseradish 辣根

huckleberries 木龙葵

hybridization 杂交

hybrids 杂交种

hypoglycins 降糖氨酸

I

inbreeding 自交

incompatibility mechanism 不亲和机制

Indian civet; *Viverra zibetha* 大灵猫

inflorescence 花序

inheritance 遗传

insecticide 杀虫剂

insects 昆虫

    fertilization 受精

    plant chemical defences 植物的化
    学防御

    pollination 传粉

    repellents 驱虫剂

International Potato Centre
国际马铃薯研究中心

inulin 菊粉

iron contamination 铁污染

Iroquois 易洛魁人

isolation 隔离

isothiocyanates 异硫氰酸酯

J

jumping beans 跳豆

K

kapok 木棉

Kerman trees 科尔曼，开心果的栽培
品种之一

Kew 邱园

kiwifruit; *Actinidia* spp. 猕猴桃

kohlrabi 球茎甘蓝

kretek cigarettes 丁子香香烟

L

labour 劳动力

latex 胶乳

legumes 豆类

lignin 木质素

lilies 百合

linen 亚麻制品

linseed 亚麻籽

little apple of death "死神的小苹果"
（即毒疮树）

lysergic acid diethylamide（LSD）
麦角酸二乙酰胺

M

maize 玉米

males 雄性（植株）

maple syrup 枫糖浆

marijuana 大麻毒品

marrows 西葫芦

meadow saffron 秋水仙

meadowsweet（*Spiraea*） 旋果蚊子草
（一种绣线菊属植物）

meat tenderizer 嫩肉粉

melons 甜瓜

microbes 微生物

mildew 霉病

monocultures 单一作物栽培

monopoly 垄断

monoterpenes, aromatic 芳香的单萜类

moths 蛾类

mould; *Aspergillus flavus* 黄曲霉

Musa spp. 芭蕉

mustard 芥末

mycorrhiza 菌根

N

nectar 花蜜

Nepenthes mirabilis 猪笼草

nettles 荨麻

neurotoxin 神经毒素

Nicotiana tabacum 烟草

nicotine 尼古丁

nightshades 茄科

nitrogen 氮

nutrients 营养物质

nuts 坚果

O

oaks 栎树

oats 燕麦

oils 油类

onions 洋葱

opium 鸦片

orchids 兰花

ornamentals 观赏植物

P

palatability 适口性

papaw（papaya） 番木瓜

paper, hemp 大麻纸

parsley 欧芹

pathogens 病原体

peanuts 花生

peas 豌豆

Peganum harmala 骆驼蓬

perennials 多年生植物

pesticides 杀虫剂

pests 害虫

phosphate 磷

photosynthesis 光合作用

phytoplankton 浮游植物

pineapples 凤梨

pistachio nuts 开心果

plantain 车前

plants 植物

　　exploitation 开发利用

feral 野生的

male and female 雄株和雌株

non-flowering 隐花的

potential crop qualifications 成为作物的潜在资格

repeatedly domesticated 重复驯化

poisons 毒物

chemicals 化学物质

detoxification 解毒

food 食物

fungi 真菌

medicinal 药用的

storage organs 贮藏器官

pollination 传粉

artificial 人工授粉

automatic 自动发生的传粉

by another tree 通过另一棵树传粉

cross-pollination 异花传粉

manual 手工传粉

mechanisms 传粉机制

strategy 传粉策略

with a wild relative 与一个野生近缘种传粉

pollinators 传粉者

bats 蝙蝠

bees 蜜蜂

birds 鸟类

co-adapted 协同适应

insects 昆虫

wind 风

pomelo; pummelo; shaddock 柚

poppies 罂粟

potash 钾

potatoes 马铃薯

potpourri 百花香

processing 加工处理

progesterone 孕酮

prohibition 禁令

propagation 繁衍

protease 蛋白酶

proteins 蛋白质

    conversion to atmospheric nitrogen
转换为大气中的氮

    digesting enzymes 消化酶

    digestion 消化

    natural fertilizer 天然肥料

    sources 来源

pseudocereal 假谷物

pumpkins; squashes 南瓜

purgatives 泻药

Q

quinoa 藜麦

R

rainforests 热带雨林

religious activity 宗教活动

reproduction 繁殖

    asexual 无性的

    habits 习性

    harsh conditions 艰苦的生存条件

    impotence 性无能

    sexual 有性的

    vegetative 营养的

resistance 抵抗力

rhizomes 根状茎

rhubarb; *Rheum* spp. 大黄

rice 稻

ripening 成熟

roots 根系

rosemary 迷迭香

rotations 轮作

rubber 橡胶

rubber tree; *Hevea braziliensis*
橡胶树

rye 黑麦

ryegrass 黑麦草

S

saffron 藏红花

sage 药用鼠尾草

Salem Witch Trials 塞勒姆审巫案

salep 兰茎淀粉

salicylic acid 水杨酸

salivary amylase 唾液淀粉酶

Salix 柳属

sap （植物的）汁液

Scoville scale 斯科维尔辣度等级

seabird droppings, fossilized
石化的海鸟粪便

seasonality 季节性

seedlessness 无籽

seeds 种子

    coffee substitute 咖啡替代品

    dispersal 传播

    eating 饮食

edible 可食的
energy rich 富含能量
imported 进口
oil rich 富含油分
selection 筛选
self-pollination 自花传粉
  automatic 自动的
  inbreeding 自交
  prevention 防止
  selected for 筛选得到
  sexual preference 性偏好
self-sufficiency 自给自足
semi-domestication 半驯化（的作物）
sesquiterpenes, aromatic 芳香的倍半萜
sex 性；性别
  change （性别）变化
  chromosomes （性）染色体
  females 雌性
  hermaphrodite 雌雄同株
  inactivity 不活跃
  males 雄性
  organs （性）器官
  preferences （性）偏好
  ratio （性别）比例
  single sexed plants 单性植物
sex-life 性生活
  changing 变化
  differences 差异
  exotic 外来的
  gender changing 性别改变
  plant hormone application
    植物激素的应用

short duration 短期
uninterrupted 连续的
weird 怪异的
shifting balance theory 动态平衡理论
silicates 硅酸盐
silverweed 蕨麻
smuggling 走私
soil fertility 土壤肥力
spadix 肉穗花序
speciation 物种形成
spices 香料
spinach 菠菜
splitting, vegetative 依靠（球茎）
  分裂进行营养繁殖
spoilage 腐败
spurge family 大戟科
Staphylococcus aureus 金黄色葡萄球菌
staples 主食
starch 淀粉
stems 茎干
Sterculiaceae 梧桐科
sterility 不育
storage 储存
storage organs 贮藏器官
  as food 充当食物
  chemical defences 化学防御
  energy rich 富含能量
  inedible 不可食的
  poisons 毒物
  starchy 含淀粉的
  survival strategy 生存策略
strawberries 草莓

Streptococcus mutans 变异链球菌

sucrose 蔗糖

sugar beet 甜菜

sugarcane; *Saccharum officinarum* 甘蔗

sugars 糖类

sunflowers 向日葵

super-fruits 超级水果

superfoods 超级食品

swede 蔓菁甘蓝

sweet potato 番薯

syconium 隐头花序

synchrony 同步

T

tabasco 塔巴斯科辣椒

tapioca pudding 木薯布丁

taproots 直根

taro 芋头

taxes 税

tea; *Camellia sinensis* 茶

tea clippers 运茶快帆

teasel 川续断

terpenoids 萜类化合物

theine 茶素

thistles 蓟

thyme 百里香

timber 木材

titan lily; titan arum; *Amorphophallus titanium* 巨魔芋

tobacco 烟草

tomatoes 番茄

toxicity 毒性

  chemicals 化学物质

  components 成分

  compounds 化合物

  defences 防御

  domestication factor 驯化因素

  oils 油类

  toxins 毒素

Tradescantia 紫露草属

trees 乔木

  disease susceptible 易患病的

  evolution 演化

  fruit 果实

  hybrid 杂交种

  poisonous 有毒的

  sex-life 性生活

  wild 野生的

triticale 黑小麦

tubers 块茎

U

ugli fruit 丑橘

umbels 伞状花序

unpalatability 不适口性

V

vanilla 香草（香荚兰的商品名）

varnish 清漆

Vavilovian centres of crop domestication 瓦维洛夫作物驯化中心

Vibrio parahaemolyticus 副溶血弧菌

Vikings 维京人

vitamins　维生素

W

wasabi　山葵酱
watermelon　西瓜
weeds　野草
wheat; *Triticum* spp.　小麦
willow　柳树

wine, birch sap　桦树汁酒
wood smoke, flowering inducement
　用燃烧木材产生的烟雾诱导（凤梨）
　开花

Y

yams　山药
yields　产量

图书在版编目(CIP)数据

餐桌植物简史:蔬果、谷物和香料的栽培与演变/(英)约翰·
沃伦著;陈莹婷译. —北京:商务印书馆,2019(2022.4重印)
(自然文库)
ISBN 978 - 7 - 100 - 17660 - 6

Ⅰ.①餐… Ⅱ.①约… ②陈… Ⅲ.①作物—农业史—普
及读物 Ⅳ.①S5 - 09

中国版本图书馆 CIP 数据核字(2019)第 145918 号

自然文库
餐桌植物简史
蔬果、谷物和香料的栽培与演变
〔英〕约翰·沃伦 著
陈莹婷 译

商 务 印 书 馆 出 版
(北京王府井大街36号 邮政编码100710)
商 务 印 书 馆 发 行
北京新华印刷有限公司印刷
ISBN 978 - 7 - 100 - 17660 - 6

2019 年 11 月第 1 版 开本 710×1000 1/16
2022 年 4 月北京第 3 次印刷 印张 14¾

定价:68.00 元